最新版本

建造業安全健康培訓教材

職業安全健康局編著　　萬里機構・萬里書店出版

職 業 安 全 健 康 局

OCCUPATIONAL SAFETY & HEALTH COUNCIL

職業安全健康系列
建造業安全健康培訓教材（最新版本）

編著者
職業安全健康局

文字編輯
彭　敏

出版者
萬里機構出版有限公司
香港北角英皇道 499 號北角工業大廈 20 樓
電話：2564 7511　　傳真：2565 5539
電郵：info@wanlibk.com
網址：http://www.wanlibk.com
　　　http://www.facebook.com/wanlibk

發行者
香港聯合書刊物流有限公司
香港荃灣德士古道 220-248 號荃灣工業中心 16 樓
電話：2150 2100　　傳真：2407 3062
電郵：info@suplogistics.com.hk
網址：http://www.suplogistics.com.hk

承印者
美雅印刷製本有限公司
香港觀塘榮業街 6 號海濱工業大廈 4 樓 A 室

出版日期
二〇〇五年二月第一次印刷
二〇二二年五月第四次印刷

規格
16 開（230 mm × 170 mm）

版權所有 · 不准翻印
All rights reserved.
Copyright © 2022 Wan Li Book Company Limited.
Published and printed in Hong Kong, China.
ISBN 978-962-14-2821-9

序

推動香港的職業安全健康文化，確保在職人士的安全和健康，是職業安全健康局(職安局)努力不懈的工作目標。我們明白，要讓安全文化在香港茁壯成長，必須依賴持之以恆的推廣及教育訓練工作。

一直以來，職安局致力於提供高質素的職安健訓練課程，令在職人士具備足夠知識與技能去安全地工作，並具備與時俱進的安全管理能力，故深受僱主及僱員歡迎。學員對象不但包括前線員工，亦包括管理階層和職安健專業人士。與時並進，精益求精，我們在課程設計上以多元化及理論與實踐兼備為原則，務求開拓不同類型的新課程，以切合不同行業及不同階層僱員的需要。

為了讓建造業安全健康督導員充分掌握最新的工作安全健康動態和知識，發揮高度的專業水平，我們重新編纂了一部資料詳盡、實用性強的工具書《建造業安全健康培訓教材》。這本書可和《職業安全健康督導員培訓教材》一起使用，一方面既可作為訓練督導員的教材，另一方面亦希望為一般讀者提供基本的安全知識。

本書分為二十五個章節，首先簡要介紹建造業安全法例，然後通過對危害辨認、評估和控制的闡述，帶出業內常見作業及機械設備的使用上防止危害的知識，最後詳細講解安全施工程序、工作場所整理等安全管理工具的應用。以深入淺出的方式，將現代化的專業知識廣為介紹給讀者認識，輔以淺白流暢的文字和詳盡清晰的圖解，讓無論是安全從業員，還是一般建造業的工友，都能夠從中學習，有所得益。

全書由選材到編寫製作均力求嚴謹，有條不紊，編輯工作殊不容易。能夠成功出版，實多蒙過往多年來專業導師們的豐富經驗和教學心得以及同學們提供的寶貴意見，還有萬里機構出版有限公司的襄助。沒有各方面的支持和努力，此書的出版是不可能的。歡迎各界人士不吝賜教，為本書提供寶貴的意見和指導，使將來作修訂時，有更充足的資料，令本書更趨完善。本局謹此致上衷心謝意。

職業安全健康局主席
伍達倫博士, BBS, 太平紳士
2004年8月20日

1 建造業安全法例簡介

1.1 簡介

　　本港的建造業安全早於1973年就已受到《工廠及工業經營條例》內有關工地的條文所保障。隨着專門規範工地的《建築地盤(安全)規例》於1978年通過及執行，建造業的安全展開了新的一頁。《建築地盤(安全)規例》旨在提升建造業的安全水平，也對承建商及工人的職安健責任有所規定。承建商需要提供相關的安全工具、機械及設施等，而工人要和承建商合作去遵守安全及健康法例。除了《建築地盤(安全)規例》外，本港還有一系列特別的安全法例規管着建築地盤內的危險工序、機械及設備。為了更全面地提高全港的安全健康水平，包括建造業安全在內，政府於1989年在《工廠及工業經營條例》內引進「一般性責任」條文，以法例規範僱主要提供一個安全及健康的工作環境，僱員要和僱主合作去遵守安全及健康法例。

1.2 《建築地盤(安全)規例》

　　《建築地盤(安全)規例》是主要規範建築地盤承建商及工人的安全法例。其中的條文訂明有關棚架、工作平台及梯子等的安全規定，以規管各種環境下的工作危險。該規例於2003年的修訂，使施加於「負責」建築地盤的承建商的責任(即總承建商)，擴展至任何「直接控制」有關建築工程的承建商或次承建商亦需承擔。這規例的重要條文簡介如下：

▶ 1.2.1 適用範圍

　　《建築地盤(安全)規例》適用於所有建築工程，以及建築地盤和用以進行建築工程的機械、工業裝置、工具、裝置及物料。

　　根據《工廠及工業經營條例》，「建築工程」的釋義是指建造、架設、安裝、重建、修葺、維修(包括重新修飾及外圍清理，例如清理大廈外牆和抹窗)、翻新、遷移、改動、改善、拆除或拆卸該條例所指明的構築物或工程。這包括舖築地基

和舖築地基前的挖掘泥土及沙石等預備工程，和因以上所述任何工程而使用機械、工業裝置、工具、裝置及物料。

▸ 1.2.2 對僱用人員的限制

地盤承建商不得聘用年齡未滿18歲的工人在地盤內工作。除非：

(1) 該工人是受聘為學徒，並要持有《學徒制度條例》註冊的學徒訓練合約，

(2) 該工人已完成學徒訓練及持有結業證書，

(3) 該工人正在接受認可訓練課程，或

(4) 該工人已完成認可訓練課程及持有結業證書。

▸ 1.2.3 建築工程的呈報

進行建築工程的承建商須在工程展開後7天內，以書面（《建築地盤（安全）規例》56(1)條－建築工程呈報書)向勞工處呈報有關資料，工程將會在少於6星期內完成，或任何時間僱用不超過10名工人進行工程除外。在工程完成後7天內，承建商還須以書面呈報完工日期。

▸ 1.2.4 吊重機的規定

(1) **吊重機的構造、維修及檢查**

承建商在使用吊重機之前要確保其構造良好、維修妥當、有足夠錨定及穩固的支持。在使用吊重機的每個星期內都要由合資格的人檢查該吊重機至少一次，並簽發認可證明書。該證明書是證明該吊重機是處於安全操作狀態的。法例規定只可由合資格的人檢查吊重機。根據規例，合資格的人指該人要有吊重機方面的訓練、操作、使用等的實際經驗及充足能力。

(2) **吊重機駕駛艙的規定**

承建商要為吊重機的操作員設置駕駛艙。駕駛艙的位置及設計要求：能為操作員提供足夠保護、不會受天氣影響及有清晰無阻的視野。

(3) **由曾受訓練的工人操作吊重機或發出訊號**

受聘為操作吊重機或為吊重機發出訊號的人員要有足夠能力並曾接受過培訓，其年齡不得小於18歲。正在受訓的人士要在一名合資格工人監督下操作吊重機。

(4) **吊重機機槽、平台及機籠的安全**

承建商要為吊重機槽加上堅固圍封，避免吊重機活動部分擊中工人。機槽的進出口要安裝穩固的閘門，圍封及閘門至少要2米高，吊重機的閘門要保持關閉。當然若吊重機平台及機籠在進出口停定時，閘門可以打開，方便工人上落貨物。承建商也要為其吊重機設置一個有效的自動裝置避免平台及機籠升逾行程的最高點。在可行情況下要為其吊重機設置一個有效的裝置，此裝置會在一或多條吊重纜索失靈時支持該平台、機籠及其安全操作負荷。

(5) **吊重機的安全操作負荷及標記**

承建商要在其吊重機平台或機籠上標明這個吊重機的安全操作負荷，也要確保吊重機不可超重操作。吊重機上也要有禁止載人的告示。

(6) **吊重機的測試及檢驗**

吊重機在重大更改或重大修理後要作測試及徹底檢驗。此外每隔6個月也要作徹底檢驗。要由合資格檢驗員擔任以上之測試或檢驗工作。承建商在收到由合資格檢驗員簽發的證明書證明這吊重機是處於安全操作狀況下才可使用。根據本規例，合資格檢驗員是指註冊專業工程師。

(7) **吊重機禁止載人及負荷物須安全穩固**

吊重機在任何時間均不可以載人。承建商要確保吊重機在運送鬆散物料或貨物時要避免物料或貨物墮下。例如可將吊重機平台加以圍封。

▶ 1.2.5 棚架、工作平台及梯子等

有關棚架、工作平台及梯子等的安全規定，是由《建築地盤(安全)規例》第VA部所規管。為了更有效保障高空工作人士的安全，新修訂的規例已於1999年3月

10日在立法會通過。該規例於2003年11月亦有修訂。

(1) **工作地方的安全**

承建商須確保該地盤內每個工作地方的安全,並提供適當和足夠的安全進出口。

(2) **防止墮下措施**

承建商須找出、糾正及防止該地盤內有人從高處墮下的危險狀況。這包括禁止任何人進入危險的地方,設置、使用及維修以下安全設備:

(a) 工作平台;

(b) 護欄、屏障、底護板及圍欄;

(c) 孔洞的覆蓋物;

(d) 木板路及路徑。

(3) **棚架的規定**

如果工人不能在安全穩固的建築物或地面上進行工作,承建商須設置合適棚架、梯子或其他作支持用的設施給工人使用。棚架之每一部分要由構造良好及堅固質佳的物料造成,棚架要保持固定防止移位。另外棚架要由受訓的工人在合資格的人直接監督下進行架設,更改或拆卸。

(4) **棚架的檢查**

每一棚架在使用之前的14天內或暴露於惡劣天氣下要由合資格的人檢查。檢查之後要由合資格的人簽發報告,證明這棚架處於安全操作狀態才可使用。

(5) **工作平台、木板路的構造等**

工作平台、木板路等若超過2米高,須以木板或金屬板鋪密。使用之木板不要小於200毫米闊而厚度不小於25毫米。若厚度超逾50毫米則闊度不小於150毫米。木板不可伸出支持物超逾150毫米。工作平台至少闊400毫米。若平台同時容許物料通過,則至少闊650毫米。工作平台要加上2條護欄,高度分別在900毫米至1150毫米之間及450毫米至600毫米之間,當然若有需要搬運物料或供人進入時則可拆除護欄。

(6) 梯子及摺合踏梯

梯子及摺合踏梯要由構造良好及堅固質佳的物料造成。垂直梯子的上端要固定。若不能在上端固定則要在下端固定。若上、下端皆不能固定則要派人駐於梯腳把梯扶緊。

(7) 工作吊板

承建商不得使用工作吊板(動力操作者除外)。

(8) 提供安全網及安全帶

若工程任何部分不能採用上述之防止墮下措施,承建商要提供安全網及安全帶防止工人墮下受傷。承建商提供安全帶的同時要提供適當繫穩物及裝配。當然承建商要確保工人配帶安全帶。

(9) 挖掘工程等的安全

挖掘工程的承建商要採取措施,如裝設撐架以避免泥土塌下、岩石墮下危害工人。每7天要由合資格的人檢驗至少一次。合資格的人須就挖掘工程及撐架之安全情況填寫報告。所有泥口、坑穴若垂直高度超過2米時要有圍欄或覆蓋物。當然若工人在需要出入泥口、坑穴或運送設備時則不在此限。在接近泥口、坑穴的地方,不得放置或堆積物料以免危害工人。若有水漲引致危險的可能性,則承建商要有足夠設施令工人可以安全離開泥口、坑穴到達安全地方。

(10) 保護眼睛

若工序會產生物料微粒或塵埃令工人眼睛受損,承建商要提供合適眼罩及確保工人使用眼罩。

(11) 機械及機動設備

機械的危險部分要加圍封避免危害工人。機械(包括原動機、傳動機械)的危險部份加以有效防護,使用一種或多於一種自動式、固定式、互鎖式、觸覺式護罩或雙手控制裝置。18歲以下的人不可受僱操作機動設備或作為訊號員。

(12) 使用電力

承建商要採取措施防止工人受到帶電的電纜或器具所危害。如地盤有架空電纜，承建商要設置適當的屏障來預防危險；如有地下電纜，要取得有關電纜圖則，由合資人士測定電纜的準確路線，以便作出合適的預防措施。

(13) 安全帽

承建商要為每名工人提供適當安全帽及採取所有合理步驟確保工人戴適當安全帽。任何人如沒有配戴適當安全帽則不得進入建築地盤。

(14) 高空墮物

承建商要採取措施防止工人遭墮下物料打中。當附近有工人工作時不得將棚架物料、工具及其他物料從高處擲下、傾倒或投下。

(15) 照明

承建商要為有工人工作的地方、通路、孔洞等地提供足夠及適當的照明，達到足以保障該工人安全的目的。

(16) 其他事項

存放在地盤之物料應安全堆疊，不可阻塞通道。所有木材或其他物料若附有凸出鐵釘，則不得使用或遺留在地盤。地盤必須設有適當救援設備，以防工人遇溺。若使用易燃物體時要禁止吸煙及使用無遮蓋之火焰。地盤內之走火通路及防火設備應保養良好及不得阻塞。地盤要有足夠廁所及清洗設施。僱用5名或以上工人工作的地盤，每50名或不足50名工人要有一個急救箱或急救櫃。僱用30名至99名工人的地盤，須有至少1人為合資格急救員；100名或以上，須有至少2名。基本的急救設備：

(a) 標明"急救"及"FIRST AID"字樣的藥箱。

(b) 藥箱內需存放足夠數量的急救品(含有藥物的不可存放)及勞工處印製的急救指南；在超過50人工作的建築地盤，還須有擔架床的設備。

(c) 急救物品的標準，不應低於《英國副藥典》所定的標準。

(d) 急救箱需有專人負責，並將姓名寫在急救箱上。

1.3 其他與建築地盤安全有關的法例

▸ 1.3.1 《工廠及工業經營(起重機械及起重裝置)規例》

規例要求起重機械及起重裝置經常要檢驗和測試及要取得由合資格的人和合資格檢驗員發出的安全證明書才可使用。起重機要由曾經受訓及持有有效證明書的操作員負責操作。規例中「擁有人」的定義亦涵蓋在地盤內控制使用起重機械或起重裝置的承建商。此反映2003年11月《建築地盤(安全)規例》的修訂,任何直接控制建築工程的承建商和次承建商,亦須負上法律責任。

▸ 1.3.2 《工廠及工業經營(安全主任及安全督導員)規例》

此規例規定指定行業內必須僱有安全主任及安全督導員。由於建造業危險程度最高,所以建造業被列為指定行業。根據這規例,總承建商或專門承建商如僱用一百名或以上員工在建築地盤工作,就要僱用一名全職已註冊的安全主任。此外,如僱用20名或以上的員工在任何一個地盤工作,就要僱用一名安全督導員。規例亦詳細指明僱主、安全主任及安全督導員的職責。

▸ 1.3.3 《工廠及工業經營(木工機械)規例》

操作木工機械的主要危害,是與機械鋒利的鋸刀和銑刀的保護有關。欠缺護罩的木工機械,極有可能引致意外。此規例規管有關工業經營內木工機器護罩、燈光設備、通風及清潔的標準。規定僱主須負起若干責任。該等規例亦同時規定工人必須使用僱主所供應之機器護罩及其他安全設備。

▸ 1.3.4 《工廠及工業經營(密閉空間)規例》

《工廠及工業經營(密閉空間)規例》在1999年1月修訂後,加強了保障工友在密閉空間工作的安全及健康。最重要的改變是僱主需要為首次進入密閉空間,或其後有任何轉變而需再次進入時,進行危險評估,以建立一套「安全工作制度」來保障工友的安全與健康。

▶ 1.3.5 《工廠及工業經營 (砂輪) 規例》

此規例是涉及砂輪之安全使用。該規例管制下列各事項：砂輪及軸心之許可速度，張貼列明砂輪最高許可速度之告示，由有資格之人士以正確方法安裝磨輪、設置護罩、保護性輪緣及機器控制器。該規例同時亦規定選擇適當之砂輪，保持地板清潔及使用該類磨輪之僱員應負之責任。

▶ 1.3.6 《工廠及工業經營 (彈藥推動打釘工具) 規例》

此規例管制所有工業經營及建築地盤內彈藥推動打釘工具之使用。該等規例指定建築工程承建商、工業經營僱主及彈藥推動打釘工具操作員須遵守若干安全規定。承建商或僱主必須確保只有獲勞工處處長批准之工具才可使用，而工具連同其彈藥、釘及附屬設備必須妥為存放。年屆18歲或以上而持有勞工處處長認可之合格證書者，才得使用彈藥推動打釘工具。

▶ 1.3.7 《工廠及工業經營 (保護眼睛) 規例》

此規例規定受僱從事可能導致眼睛受傷之若干工業操作程序之工人，眼睛須獲得保護。此等工業操作程序列於該規例之附表內。該規例規定僱主必須視乎情況需要，供給僱員護眼用具、手提護盾或固定式護屏；而該等設備又必須符合勞工處處長所認可並經政府憲報公佈之標準。僱員則必須充分及正確使用獲供給之護眼設備，並在遇到此等設備遺失、破爛、損毀或發生毛病時，立刻通知僱主。

▶ 1.3.8 《工廠及工業經營 (電力) 規例》

若誤用電力及在用電時處理不當，常會招致意外，因而引致工人受重傷或死亡及財物損毀。此規例制定各項基本安全規定，以防範工業經營在配電及用電時所引起之各種危險。該規定包括電器系統之每一部分均須構造正確及妥為裝設、防護與保養，為工人提供及保養防護設備，以及禁止誤用或干擾所提供之防護器具或設備。

▶ 1.3.9 《工廠及工業經營 (石棉) 規例》

如果在工作過程中沒有適當之安全措施，石棉是會危害工人健康的。此規例規定應採取安全措施保護這些工人的健康。這些措施包括：提供有效之排氣通風設備、防護衣物、認可之呼吸保護器具及保持廠房和設備的清潔。規例亦規定有關呈報的事宜及工人的體格檢查。噴灑石棉及青石棉和鐵石棉的使用是被規例禁止的。

▶ 1.3.10 《工廠及工業經營 (噴砂打磨) 特別規例》

除因特別情況及已獲得勞工處處長之書面許可外，任何人均不得以砂或含有矽之物料作為磨粒，以供任何噴砂打磨過程之用途。

▶ 1.3.11 《工廠及工業經營 (在壓縮空氣中工作) 規例》

此規例對受僱在壓縮空氣環境下進行建築工程人士之健康、安全和福利有所規定，從事壓縮空氣中建築工作之承建商必須提供適當設備，例如高壓醫療室和受僱於壓縮空氣中工作之人士接受加壓及減壓之氣壓調整室，及任命有資格之人士擔任督導工作之事宜。為工作人員減壓時須正確地遵照規例附表所列之減壓表而進行。受僱於壓縮空氣中工作之人士須定期接受體格檢驗，以便決定是否適宜在壓縮空氣環境下工作。承建商須任命執業醫生負責監督所有在壓縮空氣中工作可能發生之醫療事項。該等規例亦規定負責掌管加壓和減壓程序之有資格人士及受僱於壓縮空氣中工作之人士應負之責任和義務。

▶ 1.3.12 《工廠及工業經營 (危險物質) 規例》

僱主須在每個盛載規例所列的危險物質的容器加以標籤，向僱員提供有關危險物質的安全資料，向該等員工提供安全訓練、安全措施及防護衣物等。受僱員工必須依循、採取及使用僱主提供的安全指示和程序、安全措施及防護衣物。

▶ 1.3.13 《工廠及工業經營 (工作噪音) 規例》

規定因建築工程進行中操作機械或工具，而致使僱員可能暴露於初級措施聲

級或以上的噪音中，則僱主須指定一名合資格人士進行噪音評估。如僱員可能暴露於二級措施聲級或以上的噪音，僱主須劃定及識別聽覺保護區，並須向在保護區內工作的僱員提供適當的認可的聽覺保護器。僱員亦必須充分及適當地使用僱主提供的保護器，當遇到此等保護器有欠妥之處時，立即報告僱主。

▸ 1.3.14《工廠及工業經營 (易燃液體的噴塗) 規例》

為保障受僱從事噴塗工作員工之安全，規例規定設置噴塗房或噴塗地點，並須有以機械方式進行的有效通風。在噴塗房、噴塗地點及其六米範圍內，不准吸煙及禁止使用無遮蓋火焰。任何易燃液體，均須貯存於裝有盒蓋的堅固金屬容器內。噴塗房或噴塗地點須時常保持清潔。確保受僱員工充分及適當地使用按照規例指定供應之各種設備，並當該等設備發生毛病時，均須即時報告僱主。

▸ 1.3.15《工廠及工業經營 (吊船) 規例》

適用於使用任何載人的吊船的工業經營。吊船擁有人須確保吊船的構造良好並妥為維修；固定及錨定吊船的安排足以保障吊船的安全；吊船的工作平台能讓僱員安全使用，並有足夠而安全的進出途徑。擁有人更須確保吊船的安全繩索及自動安全裝置妥為維修及保持良好操作狀態。擁有人須向每個使用吊船的僱員提供適當的安全帶及獨立救生繩或連同裝配的繫穩物，並須確保該員工配戴上述安全設備。另須確保僱用員工年滿18歲及曾接受勞工處處長所認可或吊船製造商／代理人所提供的訓練，並獲得有關訓練證明書。

吊船須經由合資格人士檢查並取得認可證明書才可使用，並且每日開工前須檢查吊船所有繩索。

規例於2003年11月有關「擁有人」定義的修訂，反映《建築地盤 (安全) 規例》所作出的相應修訂，把施加於總承建商的責任，擴展至相關的承建商及次承建商。

▸ 1.3.16《工廠及工業經營 (安全管理) 規例》

立法會已於1999年11月24日通過了這條規例。這條規例的要旨是有50位員工

或以上工作的工廠、地盤及指定工業經營，須建立一個公司安全管理制度以達自我規管。這條規例包括有14個元素的安全管理制度。

▶ 1.3.17《工廠及工業經營(負荷物移動機械)規例》

立法會已於2000年4月5日通過了這條規例。這條規例旨在確保在工業經營內的負荷物移動機械，必須由曾參加有關訓練課程及持有效證書人士操作。所謂負荷物移動機械是指叉式起重車、推土機、搬土機、卡車、貨車、壓實機、傾卸車、平土機、機車和鏟運機。

第1、2、4、5及7條，和附表第I部及第II部(a)至(e)段已於2000年11月20日開始實施*。規例於2003年11月有關「負責人」定義，反映《建築地盤(安全)規例》所作出的相應修訂，把施加於總承建商的責任，擴展至相關的承建商及次承建商。

▶ 1.3.18《工廠及工業經營(氣體焊接及火焰切割)規例》

僱主須確保氣體焊接及火焰切割工作必須由年滿18歲及持有有效證書的人進行。

▶ 1.3.19《工廠及工業經營條例》的一般責任條文

(1) 所有工業經營之僱主應有責任盡量確保其受僱之人士工作時的健康及安全。上述的一般責任特別包括下列各項：

    (a) 盡量提供及保持安全及不危害健康之廠房設備及工作系統；

    (b) 在使用、處理、貯存及運送物料及物質方面作出安排，以盡量確保安全及不會對健康構成危險；

---

* 由2002年9月1日起，適用於首階段負荷物移動機的規定已全面實施，即是在建築地盤內操作的推土機、搬土機、挖掘機、卡車及貨車，以及在工業經營內操作的叉式起重車的操作員，須已參加有關認可的訓練課程，及持有適用於該負荷物移動機的有效證書。

由2006年9月1日起，賦權勞工處處長可認可法例第二階段有關操作壓實機、傾卸車、平土機、機車和鏟運機訓練課程的條文亦已生效。而規定操作第二階段負荷物移動機的操作員須已參加認可的訓練課程，以及持有適用於該負荷物移動機的有效證書的實施日期，將於日後公布。(直至2009年12月31日)

(c) 提供所需資料、指示、訓練及監督以盡量確保其僱用的所有人士在其工業經營工作中的健康及安全；

(d) 僱主所管轄的工業經營內任何部分需盡量保持安全及不會危害健康，而出入該處的通道亦須安全及無該等危險；

(e) 盡量為受僱於工業經營內的所有人士提供及保持一個安全及不會危害健康的工作環境。

(2) 所有受僱在工業經營之人士，在工作時需履行下列的一般責任：

(a) 盡量照顧自己及其他可能因自己工作時的行為或疏忽而受影響之人士的健康及安全，自己不能做出一些危害自己或其他人士的健康及安全之行為。更應去主動明瞭工作時的危險及遵守有關安全守則；

(b) 盡量與僱主或其他人士合作，以便他們能履行或遵守有關保護工業經營內受僱人士的健康及安全之規定或責任。例如僱主訂定一些有關使用危險物品之安全守則，受僱人士需和僱主合作遵守該等守則。

1.4 《職業安全及健康條例》

▸ 1.4.1 簡介

《職業安全及健康條例》於1997年5月23日正式通過，目的是保障僱員在工作時的安全與健康。此條例規定，僱主和處所佔用人有一般責任確保所有僱員和在有關處所工作的人士在工作時的安全與健康。另一方面，僱員在工作時亦有責任顧及其他人士的安全與健康，同時亦須與僱主和處所佔用人合作，推行保障工作安全與健康的措施。法例的精神在於確保所有受僱人士的職業安全及健康和改善工作環境。

▸ 1.4.2 條例的宗旨

(1) 確保僱員在工作時的安全及健康。

(2) 訂定有助令工作地點更安全及更健康的措施。

(3) 改善若干危險工序、工業裝置及物質在工作地點或存放的安全和健康標準。

(4) 改善僱員工作環境的狀況，以促進僱員的安全和健康。

▶ 1.4.3 責任履行人

(1) 僱員——指一位按照僱傭或學徒合同工作的自然人，但不包括家庭傭工。

(2) 僱主——指一位按照僱傭或學徒合同僱用自然人士的人。

(3) 佔用人——就任何樓宇處所或工作地點而言，這佔用人包括該樓宇處所或工作地點有任何程度的控制的人士。

▶ 1.4.4 條例的適用範圍

這項條例適用於任何僱員工作的工作地點，但不包括下列：

(1) 在公眾地方的飛機或船隻。

(2) 為運載人、動物或貨物而設計或作此用途的載具，在公眾地方而司機佔用其常用的座位或位置。

(3) 只有家庭傭工的家庭樓宇處所。

(4) 只有自僱人士工作的地點。

(5) 基於本段所述目的，由規例訂明的任何其他地方。

▶ 1.4.5 對在工作中的僱員的安全及健康的責任

(1) 僱主的責任

每名僱主均須在合理切實可行範圍內，確保其所有僱員的安全及健康。並須：

(a) 提供或維持安全作業裝置及工作系統；

(b) 確保安全使用、處理、貯存或運載作業裝置或物質；

(c) 提供安全所需資料、指導、訓練及監督；

(d) 提供或維持安全進出工作地點的途徑；

(e) 提供安全健康的工作環境。

(2) **佔用人的責任**

佔用人在合理切實可行範圍內須確保以下是安全及健康的：

(a) 工作場所；

(b) 該途徑；

(c) 任何作業裝置及物質。

(3) **僱員的責任**

工作中的僱員須照顧其他人並須與僱主合作，任何僱員須在合理可行範圍內確保：

(a) 自己及他人都是安全及健康的；

(b) 與僱主及他人合作遵守本條例或任何職安法例。

▶ **1.4.6 敦促改善通知書和暫時停工通知書**

處長可向僱主或佔用人送達敦促改善及暫時停工的通知書。

(1) **敦促改善通知書**

(a) 違反本條例或《工廠及工業經營條例》(第59章)；

(b) 已違反上述條例的其中一條，而情況令該違例事項可能繼續或重複；

(c) 規定該僱主及佔用人須在通知書指明的限期內對違例事項作出補救，或停止繼續或重複該違例事項。

(2) **暫時停工通知書**

(a) 處長認為因工作地點進行的活動或使用作業裝置、物質的狀況，有造成死亡或嚴重身體傷害迫切的危險；

(b) 僱主或佔用人接獲通知書後；

(c) 有效期間不得進行活動或在處所內使用作業裝置或物質。

(3) 刑罰

任何僱主或佔用人如無合理辯解而違反上述通知書即屬犯罪，一經定罪，可處罰款及監禁。

(4) 要求覆核及暫時停止通知書的權利

(a) 在送達暫時停工通知書後的28天內，有關僱主或佔用人可以書面向處長申請覆核；

(b) 處長收到覆核暫時的停工通知書後14天內，必須決定確認、撤銷或更改該通知書，如沒有對覆核作出決定，則通知書便視作撤銷。

(5) 針對處長的決定向上訴委員會提出上訴

有關僱主或佔用人將處長的決定在28天內用書面向上訴委員會提出。

▸1.4.7 工作地點意外及職業病

(1) 意外通知

(a) 如在工作地點外發生，造成僱員死亡或受嚴重身體傷害，須於意外發生後的24小時內通知一名職業安全主任；

(b) 如受害人是僱員，因該意外導致喪失工作能力，則須事發後7天內以書面向一名職業安全主任報告；

(c) 以上 (b) 的報告必載有以下詳情

- 佔用人的名稱及其主要營業地址(如佔用人不是僱主，則載上僱主的資料)；

- 受害人的姓名、住址、性別、身份證號碼、年齡(如知道)及職業(如有)；

- 工作地點進行的工業、商業或其他活動細節；

- 受害人正進行的活動、身體傷害、導致死亡或喪失工作能力的詳情。

(d) 如意外的通知已照《僱員補償條例》(第282章) 第15條發出，則毋需以上的報告；

(e) 如已發出通知或報告後，受害人死亡，負責人獲悉該僱員死亡後的 24小時內以口頭或書面向一名職業安全主任及最接近該工作地點的 警方報告；

(f) 任何工作負責人如沒有遵守本條規定，即屬犯罪，一經定罪，可處 罰5級罪款。

(2) 危險事故

(a) 以書面就有關危險事故發生後的24小時內報告職業安全主任；

(b) 載有下列詳情

- 事故發生時間；

- 對財產造成損害或財產遭損壞的詳情；

- 事故的情況。

(3) 呈報職業病

任何醫生如在檢驗任何僱員或前僱員時，或在檢驗緊接死亡前是僱員或 前僱員的屍體時，發現該僱員曾患條例附表2所指的職業病；及相信該疾 病是或可能是因該附表3欄所指明的職業，該醫生必須將該項發現或懷疑 呈報處長。

(4) 為在工作地點發生的意外或危險事故而進行的非正式研訊。

(5) 為在工作地點發生的意外或危險事故而進行的正式研訊。

1.5 職業安全及健康附屬規例

▸ 1.5.1 引言

《職業安全及健康條例》在1997年5月23日通過，是一項賦權法例，授權勞工 處處長制訂附屬規例，第一套附屬規例《職業安全及健康規例》已在1997年6月20 日通過，要求僱主和處所佔用人提供基本的安全健康和福利設施，評估人力提舉 操作以採取應有的預防措施。而第二套附屬規例《職業安全及健康(顯示屏幕設備) 規例》亦已於2002年4月24日通過。

▶ 1.5.2 《職業安全及健康規例》

《職業安全及健康規例》包括下列幾項:

(1) 意外的預防

    (a) 作業裝置須在設計和製造上合乎安全,並須妥善保養;

    (b) 作業裝置的危險部分須設置有效防護;

    (c) 工作地點的危險地方,例如平台、坑槽或孔洞,須以柵欄安全圍封。

(2) 防火措施

    (a) 工作地點的每一個出口均要安裝註明"出口"及"EXIT"字樣;

    (b) 所有出路門均不可鎖上;

    (c) 所有逃生途徑,例如走火通道,須確保暢通無阻;

    (d) 處長可規定附加的消防安全措施。

(3) 工作地點的環境

    (a) 保持工作地點清潔及有充足的通風設備;

    (b) 確保工作地點有充足的照明;

    (c) 確保工作地點的地面有足夠的排水設施。

(4) 工作地點的衛生

    (a) 須在工作地點提供足夠衛生設施,例如廁所及清洗設施;

    (b) 須向僱員提供足夠的飲用水。

(5) 工作地點的急救事宜

    (a) 須在工作地點提供和維持適當及足夠的急救設施;

    (b) 須指定主管急救設施的僱員。

(6) 體力處理操作

    (a) 負責人責任

        • 進行初步評估危險;

        • 若有危險,於合理可行範圍內應盡量避免進行體力處理操作;

        • 若不能避免時,要作進一步評估,以減低因體力處理操作對僱員造成傷害;

- 備存體力處理操作的評估記錄；

- 作出安排以確保僱員的安全及健康；

- 委任助理人以協助執行所須措施；

- 向僱員提供有關體力處理操作的風險和安全措施資料；

- 在分配工作時應顧及僱員的能力；

- 為僱員提供足夠的訓練。

(b) 僱員責任

- 使用僱主所提供的機械輔助設備或防護設備；

- 遵循僱主所設立的任何工作系統和工作實務；

- 對工作地點的其他人採取合理的謹慎措施。

▸ 1.5.3 《職業安全及健康 (顯示屏幕設備) 規例》

隨着資訊科技的迅速發展及電腦的普及應用，地盤辦事處都有廣泛使用顯示屏幕設備，因在工作間中長期不當使用顯示屏幕設備的職業健康問題亦開始洐生並因此而催生了這條規例。根據此規例，工作地點負責人 (包括僱主或佔用人) 及僱員在使用顯示屏幕設備時的職業健康問題上需擔當不同角色及負上不同的法律責任。

(1) 工作地點負責人的責任

(a) 須於在工作地點內的任何工作間首次供使用者使用前，對該工作間作出風險評估；

(b) 凡在工作地點內的工作間在緊接本規例生效日期 (即2003年7月4日) 前正在使用中並在該日期或之後由使用者使用，須在該日期後的14日內，對該等工作間作出風險評估；

(c) 風險評估須包括以下程序：

- 確定及評估對工作間的使用者的安全及健康造成的危險；

- 決定現有的預防措施是否足夠；

- 記錄有關的結果。

(d) 如有理由相信最近一次對工作間作出的風險評估的情況已有顯著改變；或工作間已發生顯著改變，則須檢討對該工作間作出的風險評估，並據此修改風險評估結果記錄；

(e) 須在合理地切實可行的範圍內，備存由他就某工作間作出的所有風險評估的記錄(包括使用者首次使用前的風險評估的記錄及修改的所有風險評估結果)，並須將該記錄保留最少兩年，由該工作間不再由任何使用者使用之時起計；

(f) 須在職業安全主任的要求下，出示他所保留的任何記錄以供查閱；如不能立即出示，則須在該主任發出的書面要求所指明的期間內，向該主任交付該記錄的副本以供查閱；

(g) 須採取步驟，將他所作出的風險評估中所確定的危險，減至在合理切實可行的範圍內屬最低的水平；

(h) 須在合理切實可行的範圍內，向該工作間的使用者提供以下文件：

- 該項評估的結果的記錄；

- 他在作出該項評估後已採取的行動的記錄。

(i) 須在合理切實可行的範圍內，確保在工作地點的工作間，在顧及工作間使用者的安全及健康後是適合的；

(j) 須在合理切實可行的範圍內，確保他所僱用的使用者獲提供所需的關於使用工作間的安全及健康訓練。

(2) **僱員的責任**

在工作地點的工作間的使用者須在合理切實可行的範圍內遵從：

(a) 該工作地點的負責人為遵守本規例所施加的規定而訂立的任何工作制度及工作常規；

(b) 從風險評估中所確定的風險而採取的任何減低風險的措施。

1.6 安全督導員的角色

根據《工廠及工業經營(安全主任及安全督導員)規例》，建築地盤的總承建商

或專門承建商，如在地盤僱用20人或以上，須僱用安全督導員一名。安全督導員負責協助僱主及任何受僱為安全主任的人，促進受僱的人的安全及健康。安全督導員的主要職責如下：

(a) 協助安全主任執行其職責；

(b) 監督工人遵守安全標準；

(c) 向僱主或安全主任提供有關工人所應遵守的安全標準的意見；

(d) 促進建築地盤、船廠或貨櫃處理作業的工作安全進行；

(e) 每星期向僱主或安全主任擬備及呈交一份按認可格式作出的報告。

《工廠及工業經營(安全主任及安全督導員)規例》表格3A)。

2 地盤平整及挖掘工程

2.1 簡介

香港經濟發達，地少人多，民住及商業樓房需求甚殷，但可供發展的平地較少，需要大量開山及填海來補充土地。公共設施，如電纜、電話線及各種管道等等都是埋在地底下，維修時便要進行挖掘。這類開拓及挖掘工程往往因安全預防措施不足，便發生傷亡事故。

2.2 危害辨認

(1) 泥土傾瀉受傷。

(2) 觸電、火警或爆炸受傷。

(3) 窒息。

(4) 遭海水或泥漿湧入而遇溺。

(5) 工人墮下坑穴。

(6) 遭墮下坑穴的物件撞傷。

(7) 被移動或擺動的機械撞擊。

(8) 遭移動中的車輛撞倒。

(9) 噪音。

■ 機械挖掘潛在危害

2.3 危害評估

評估危害時，可以考慮以下的因素以估計可發生意外的嚴重程度和可能性：

(1) 坑穴附近有重型機械駛過或有打樁工程。

(2) 挖掘時觸及地下的公共設施，如電纜及煤氣管道破損。

(3) 坑穴積聚有毒、易燃氣體或缺氧。

(4) 接近海邊或管道挖掘時，突然湧入海水或泥漿。

(5) 工人從坑邊墮下。

(6) 坑穴邊沿堆積過量或不穩的物料。

(7) 工人過份接近移動或擺動的機械。

(8) 車輛掉進坑穴。

(9) 坑穴沒有設置上落設備，發生緊急事故時逃走不了。

2．4 危害控制

(1) 土方挖掘至1.2米深而有泥土傾瀉的情況出現時，必須裝置合適的支撐。

■ *適當支撐可防止泥土下陷*

(2) 留意駛過的車輛或打樁的震盪力可能影響坑穴的穩固。

(3) 坑穴必須每周及在惡劣天氣後由合資格人員進行詳細檢驗，將結果報告在《建築地盤 (安全) 規例》表格四上，證明一切安全，才可工作。

(4) 如發現地面龜裂，支撐斷裂或鬆脫，所有坑穴內人員必須立即離開，報告上級整改後，再由合資格人員進行詳細檢驗，將結果寫在報告表格四上，才可恢復工作。

(5) 挖掘前，必須獲取有關部門關於挖掘範圍的詳細資料，地下管道及電纜的佈局情況。但有時因環境的改變，便需用手工具挖掘，找出設施的正確位置。

(6) 坑穴挖掘至若干深度及工作進行中，須用氣體測試儀，測試坑穴內沒有易燃或有毒氣體及有足夠氧氣，才可工作。

(7) 坑穴內如有水或泥漿，必須立即抽除。

(8) 確保沙井或其他洞口設置覆蓋物，或豎立有效的障礙物，障礙物最少高一米。需要時，還要裝置交通訊號及夜間警告燈。

(9) 如需橫過坑道，必須裝置有護欄及橋板的通道，切勿跳過。

(10) 坑穴周圍邊沿，切勿放置雜物、泥石或鬆脫的物料。

(11) 機械可移動之部位須加圍欄，與牆或其他固定的附着物間要保持不少於600毫米闊之通道。

(12) 如有機械同時進行工作，工人應面向機械。

(13) 車輛在坑邊沿工作時，應放置墊木，防止車輛傾側駛越或掉進坑內。

(14) 坑穴四邊要加堅固圍欄，有上落設備，爬梯須繫緊，伸出地面最少1米，一旦發生事故，工人可走到安全的地方。

2·5 個人防護設備

(1) 穿戴安全帽及安全鞋。

(2) 按需要穿戴反光衣、安全帶及救生繩等。

參考資料

(1)《建築地盤(安全)規例》，第VI部建築地盤內挖掘工程

　　(a) 第39條—挖掘工程等的安全；

　　(b) 第40條—挖掘工程等的圍封；

　　(c) 第41條—安全防護挖掘工程等的邊緣；

　　(d) 第41A條—緊急逃生設施的規定。

3 棚架、工作台及梯具

3.1 簡介

    本港建造業很多工人,如泥水匠、油漆匠及水喉匠等都會使用到棚架(包括「狗臂架」懸空式棚架)、工作台及梯具。這些工具方便工人到達建築地盤高空以方便工作,被使用得相當普遍,但也是最常被錯誤使用。若其構造不符規格或使用時不注意安全,意外就會很容易發生。例如,工人從高空跌下,引致工人嚴重受傷。

3.2 危害辨認

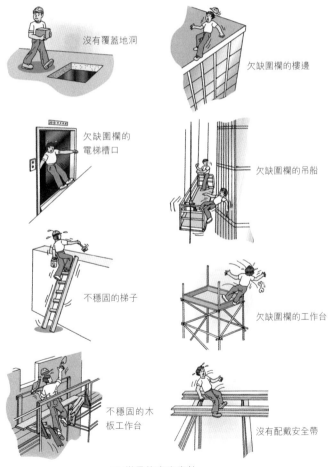

沒有覆蓋地洞

欠缺圍欄的樓邊

欠缺圍欄的電梯槽口

欠缺圍欄的吊船

不穩固的梯子

欠缺圍欄的工作台

不穩固的木板工作台

沒有配戴安全帶

■ *常見的高空意外*

(1) 從高處墮下。

(2) 遭墮下的物件撞擊。

(3) 受困於倒塌的棚架之下。

3.3 危害評估

評估危害時，可以考慮以下的因素以方便估計可發生意外的嚴重程度和可能性：

(1) 梯具或工作台位置欠佳令工人需將身體延伸過遠。

(2) 工作台不合規格，令工人或工具／物料容易跌出。

(3) 攜帶或擺放過量物料，令這些輔助工具倒塌。

(4) 地面不平坦，暗斜位置造成這些輔助工具滑動。

(5) 地面不夠堅實，不足以承托這些輔助工具。

(6) 風勢強勁，吹倒這些輔助工具或令其擺動。

(7) 移動的車輛或機械將這些輔助工具撞倒。

(8) 梯具的頂部或底部因為沒有縛緊而移動。

(9) 外牆基座物料或批盪不穩，令「狗臂架」鬆脫。

(10)「狗臂架」的繫穩螺絲過短、數量不足或鑽孔深度不足。

■ 棚架

3.4 危害控制

(1) 棚架之每一部分要由構造良好及堅固質佳的物料造成。棚架要保持固定，防止移位。另外棚架要由受訓的人負責架設，更改或拆卸。

(2) 如果是使用竹棚，要經常檢查竹技竹篾或膠篾，確保無破裂或鬆脫。在使用之前14天內或暴露於惡劣天氣後，都要由合資格人士檢查棚架的穩固性及簽署《建築地盤(安全)規例》第五號表格。

(3) 若工人要在棚架上工作，要有雙行棚架及配上適當工作台。

(4) 可引致人從2米以上高處墜下的工作台，均須用夾板、木板或金屬板密封。夾格或木板需結構堅固，強度足夠及無顯著缺點。對該等木板的要求，法例也有規定，如闊度不得少於200毫米，其厚度不得少於25毫米。厚度如超過50毫米，其闊度不得少於150毫米。(如下圖)

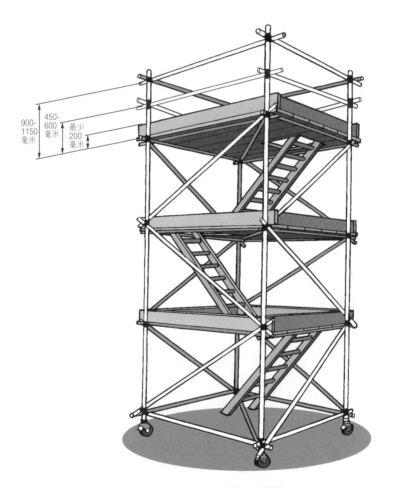

■ 工作台的護欄

(5) 工作台要有護欄。2條護欄要有足夠強度，而高度分別在900毫米至1150毫米之間及450毫米至600毫米之間。工作台也要有踢腳板，其高度不少於200毫米。（如p.37圖）

(6) 要有安全通道上落工作台，如固定的爬梯。不可攀爬棚架上落。

(7) 使用爬梯前應檢查爬梯有沒有損壞，若有損壞則不可使用。爬梯要妥為綁穩，並確保不能移動。

(8) 爬梯頂部要超出平台不少於一米，作為扶手。在爬梯上工作時，不可將身軀攀越至遠處。有需要時，可將爬梯移至接近位置。若爬梯擺放的位置接近通道或經常有人行過，則應派人駐在爬梯下，避免爬梯被人推倒。

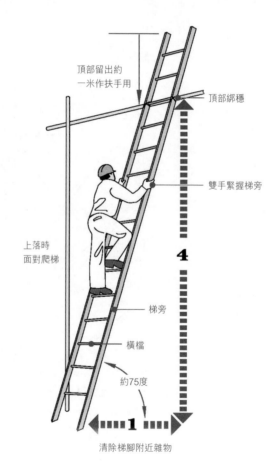

■ 使用梯子的安全要點

(9) 確保地盤內不得使用工作吊板(非動力操作)或同類工業裝置或設備。

(10)「狗臂架」要用三顆爆炸螺絲收在外牆的結構混凝土中。

3.5 個人防護設備

(1) 穿戴安全帽及安全鞋。

(2) 按需要配戴安全帶,並繫於穩固的繫穩物或獨立救生繩上。

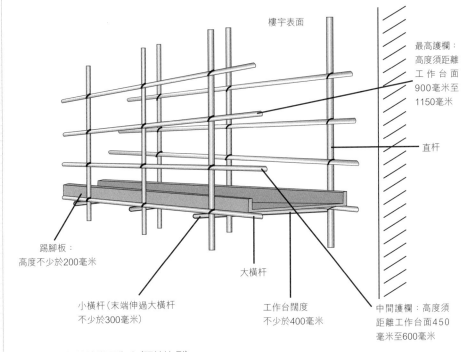

樓宇表面

最高護欄:
高度須距離
工作台面
900毫米至
1150毫米

直杆

踢腳板:
高度不少於200毫米

大橫杆

小橫杆(末端伸過大橫杆
不少於300毫米)

工作台闊度
不少於400毫米

中間護欄:高度須
距離工作台面450
毫米至600毫米

■ 雙行竹棚架的適當工作台(不按比例)

• 棚架的夾板闊度不得少於200毫米,而厚度不得少於25毫米;或如夾板厚度超過50毫米,
  闊度則不少於150毫米。

參考資料

(1)《建築地盤(安全)規例》VA部第38A,38B,38C,38D,38E,38F,38G及38I條對
   於工作地方的安全使用棚架、工作台、梯具及配戴安全帶的責任等的規定;

(2)《竹棚架工作安全守則》(勞工處);

(3)《金屬棚架工作安全守則》(勞工處);

(4)《使用「狗臂架」懸空式棚架的安全措施》(勞工處);

(5)《「狗臂架」式棚架安全須知》(勞工處)。

4 密閉空間

4.1 簡介

《工廠及工業經營（密閉空間）規例》最早於1973年制訂，而分別於1981年及1989年作出修訂。為了為工作於密閉空間的工人提供較佳的保護，新的修訂規例已於1999年1月20日在立法會通過，並已於2000年6月19日起實施。新規例清楚地列明密閉空間的定義及要求僱主或承建商作出多項安全措施。工人須遵從一切提供的指導、意見和所實施的緊急程序，並充分而適當使用所提供的安全設備及救援裝備。

密閉空間是指被圍封的地方，而基於其被圍封的性質，會產生可合理預見的指明危險。密閉空間包括：

(1) 只有一出入口，其餘地方完全被密封的空間。例如儲物槽箱、槽箱車、鍋爐壓力容器及器皿。

(2) 頂部露天，但須用特別方法才能進入及須設緊急出路的場地。例如密室、箱、大缸、坑穴、井、沉箱、地窖、密倉等。

(3) 缺乏足夠對流空氣的場地。例如隧道、道管、煙道、通道及溝渠。

(4) 存有有毒、可燃性、爆炸性或腐蝕性氣體等的被圍封地方。

4.2 危害辨認

密閉空間常見的危害有：

(1) 因發生火警或爆炸而引致工人嚴重損傷。

(2) 因體溫上升而引致工人喪失知覺。

(3) 因氣體、煙氣、蒸氣或空氣貧氧而引致工人喪失知覺或窒息。

(4) 因任何液體水平升高引致工人遇溺。

■ *受害者可以迅速被流動固體所吞沒*

(5) 因自由流動的固體而引致工人窒息。

(6) 因陷入自由流動的固體而引致工人無力達至可呼吸空氣的環境。

(7) 被腐蝕性化學物品灼傷，或遭受引致皮膚炎的物料損傷。

(8) 使用手提電動工具、照明工具及其他電器設備引起觸電。

■ *使用手提電動工具引起觸電*

(9) 使用機械設備時引起的事故。

(10) 空間過於狹窄和濕滑而造成滑倒、跌倒、扭傷等。

4.3 危害評估

在准許任何人士進入密閉空間前，僱主應委任一位合資格人士對密閉空間的工作情況進行評估，並作出確保安全及健康的建議。而評估及建議應包括可能存在的危害及其風險程度。危險評估是一個用作辨認有關危害風險的程序，是否會引致受傷及疾病的可能性。僱主應就每一個被辨認出的危害進行風險評估，包括考慮到任何人士會接觸到該危害的機會。在評估風險時應注意到現有控制風險的措施是否有效。進行危險評估的人員應決定採用何種評估的方法。方法可參考各有關安全標準、安全刊物、政府指引或與職業衛生師、工程人員、化學師、設計人員、生產商、供應商等人士商討，找出適合的評估方法。但不要忘記首先應到密閉空間作實地視察，視察結果以作評估環境危害之用，當然進入密閉空間時要跟隨制訂的安全程序。

評估危害時，可以考慮以下的因素以方便估計可發生意外的嚴重程度和可能性：

(1) **不安全氧氣水平：當氧氣成份超過21%時，所有可燃燒物件如衣服頭髮，都可猛烈燃燒。當氧氣成份過低時，工作人員會感覺疲倦、頭痛、頭暈、嘔吐及昏迷。**

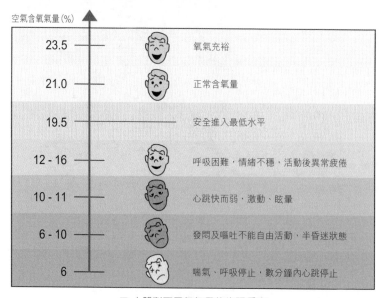

空氣含氧氣量(%)

23.5	氧氣充裕
21.0	正常含氧量
19.5	安全進入最低水平
12 - 16	呼吸困難，情緒不穩，活動後異常疲倦
10 - 11	心跳快而弱，激動、眩暈
6 - 10	發悶及嘔吐不能自由活動，半昏迷狀態
6	喘氣、呼吸停止，數分鐘內心跳停止

■ 人體對不同氧氣量的生理反應

另外，貧氧會在一些工序中出現：

(a) 慢性氧化反應，例如密閉空間內的鐵鋼物料遭氧化和污水渠內的有機或無機化學作用等；

(b) 燃燒用去大量氧氣；

(c) 被其他氣體取代；

(d) 被物料、化學品或泥土吸收；

(e) 由其他工作如燒焊引致。

(2) 可能存在的易燃物質及產生火花的源頭，例如燒焊火屑、手提電器的火花等。

(3) 可能存在的腐蝕性、有毒或有害物質包括，可經呼吸、皮膚接觸、甚至誤吞的物質。

4.4 危害控制

▸ 4.4.1 危險評估報告

(1) 進入密閉空間工作前，或密閉空間的狀況或工作有重大改變時，僱主須要委任合資格人士進行危險評估。

(2) 合資格人士評估密閉空間工作的各項危險，提出工作時的安全及健康建議，向僱主或承建商提交報告。

(3) 僱主根據危險評估報告的建議，採取所需的安全措施及發出有關工作安全的證明書。

以下是辨認及申請進入密閉空間許可證的決策流程圖及進入密閉空間的程式流程圖：

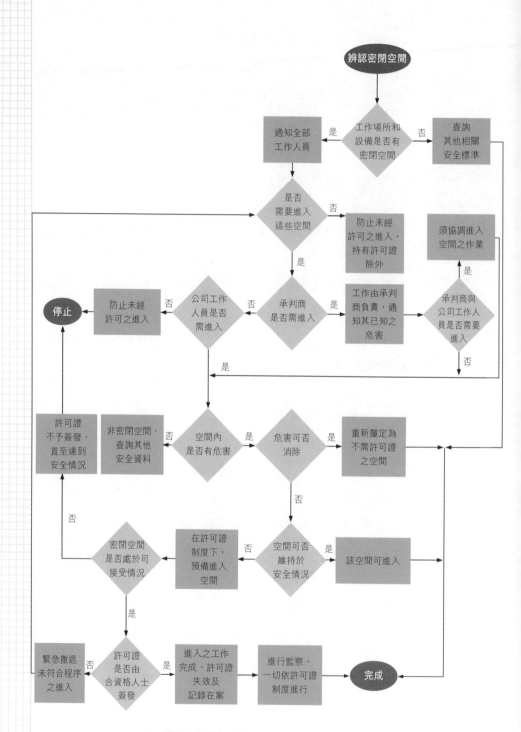

■ 辨認及申請進入密閉空間許可證之決策流程

■ 安全進出密閉空間

▸4.4.2 核准工人

只准許核准工人進入密閉空間內工作。他們須：

(1) 依照指導和參加訓練。

(2) 遵守所制訂的安全工作程序。

(3) 適當地使用安全設備及緊急設施，立即報告該等設備及設施的任何故障及欠佳之處。

▸4.4.3 工人及管理人員的訓練

(1) 在密閉場地內進行的工作，只可由曾接受適當訓練的僱員來擔任

下列四類人士須接受有計劃的訓練

    (a) 管理人員；

    (b) 需要進入密閉空間工作的人員；

    (c) 在工作場地外看守的守候員；

    (d) 被委任為搶救隊伍的成員。

(2) 訓練應包括

    (a) 遵守安全工作制度(包括工作許可證)；

    (b) 呼吸器的正確使用及守則；

    (c) 氣體測試器的正確使用及守則；

    (d) 緊急拯救程序及有關設備的正確使用及守則；

    (e) 急救技術；

    (f) 撤退時的應有步驟；

    (g) 滅火器的正確使用及守則；

    (h) 使用無線電器材；

    (i) 個人健康和衛生(例如身體感覺不適便不應進入或逗留在密閉空間)；

    (j) 可能遇到的危害。

▸ 4.4.4 出入口

(1) 進入孔口的直徑需足以容許帶有安全設備的工人進入。

(2) 以鉸鏈轉動的蓋、門等，必須附有裝置，使門保持打開。

(3) 須裝置安全可靠及牢固的梯子或其他上落設備以便出入。

▸ 4.4.5 通風

(1) 在存有危險氣體、蒸氣、霧、煙、塵、氧氣不足或溫度極高的密閉空間，必須裝置機械式通風設備。

(2) 進入熾熱的密閉空間前，必須讓它有足夠時間降溫。

(3) 工作進行時，必須保持通風。

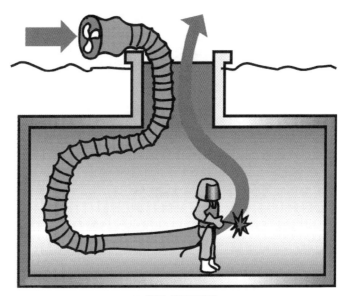

■ 機械式通風設備

(4) 為確保輸入場地內的空氣保持清新及不受污染，空氣輸入口及排氣地點必須分隔。

(5) 所有排放廢氣的機械設備，都必須遠離密閉空間入口，以免排放出之廢氣被引進到工作場地內。

4.4.6 氣體測試

(1) 進入密閉空間前，必須由曾受訓練的人員用合適儀器進行氧氣、易燃氣體及有毒氣體測試，以確定密閉空間內的氣體成份，是否低於危險濃度。

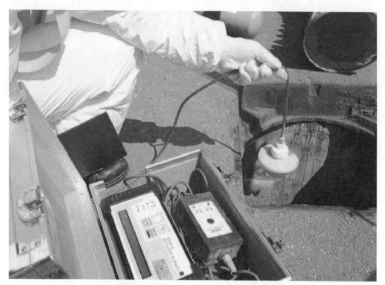

■ 進入前，密閉空間須獲得足夠通風

(2) 氣體測試不可只在密閉空間工作的一處地方進行，須在多處地方測試，以獲取全面及正確的讀數。

(3) 如密閉空間內可能有輻射，必須由曾受過訓練的人士進行測試。

4.4.7 火警及爆炸

如密閉空間內存在火警或爆炸危險，則須：

(1) 消除一切火警隱患。

(2) 所有電器必須是防火及防爆。

(3) 氧氣瓶及任何壓縮氣瓶不可帶入密閉空間，自供式呼吸器則不在此限。焊接及切割設備不使用時，應立即撤離。在場地內進行焊接切割時，必須放置足夠的滅火筒以備隨時使用。

▶ 4.4.8 隔斷

(1) 所有連接到密閉空間的管道都必須切斷隔離。

(2) 隔斷器必須堅固，可以抵受壓力，不會被管道內的物質腐蝕。

(3) 還要注意，即使關閉了的閘掣也會洩漏，所以僅把閘掣關上是不足夠的。

▶ 4.4.9 鎖上開關

所有在密閉空間內的輔助及有關設備，如輸送帶、螺旋鑽、攪拌器及泵等開關掣，必須上鎖，鎖匙須由負責的工作人員保管。所有人員未離開場地前不得開鎖。

▶ 4.4.10 觸電

(1) 一切電器工具必須接地及採用低電壓設備。

(2) 在存有導電液體的容器中進行焊接要特別小心觸電的危險。

▶ 4.4.11 工作許可證

為保障在密閉空間內工作人員的安全，必須實施工作許可證制度。

(1) 任何進入密閉空間工作的人士，必須向已獲授權簽發工作許可證的負責人申請。

(2) 許可證上必須列明准用及不准用之工具、安全預防措施及施工規定等。

■ 工作許可證必須與風險評估報告張貼在密閉空間附近當眼處

(3) 簽發工作許可證前及施工期間，負責人必須確保工作地點內空氣達到安全程度，並無危險。

(4) 個別的工序，需獨立申請工作許可證，如許可證內規定工作時間終止，必須停止所有工作及所有人員全部離開。如需延長工作時間，須再另行申請。

(5) 許可證須放置在密閉空間外附近容易見到的地方。

▸ 4.4.12 拯救設備

(1) 所有進入密閉空間的工作人員，必須配戴救生繩及安全帶。

(2) 救生繩的一端應繫在工作者的安全帶上，另一端則由一名工作場地外的救援人員手持着，兩端工作人員應經常保持聯絡。

(3) 其他需要的設備器材：

■ 密閉空間安全設備

(a) 兩套自供空氣式呼吸器具；

(b) 兩套拯救用的安全帶及救生繩；

(c) 兩具電筒；

(d) 一張擔架床及一副復甦器；

(e) 上述器材必須作定期檢查及保養；

(f) 在守候着救生繩的人員附近，應設置一具手提警報器，以便發生意外時能立即發出警號，通知其他救援人員協助。

▶ 4.4.13 發出訊息

如在密閉空間內配戴了呼吸器具，亦可利用救生繩發出以下訊息：

(1) 拉一次──需要更多空氣。

(2) 拉兩次──放鬆供應空氣的喉管及救生繩。

(3) 拉三次──協助／立刻出來。

▶ 4.4.14 守候員及拯救行動

駐守密閉空間外面的守候人員必須時常提高警覺。留意場地內工作人員，一發覺不尋常現象，應立即發出警號。若沒配戴呼吸器及救生繩，千萬不要入內進行拯救。救援時應迅速把傷者搬離現場，到達安全地方時，才施行急救。

4.5 個人防護設備

(1) 穿戴安全帽及安全鞋。

(2) 視乎暴露的環境性質而配戴合適的護目鏡、手套、全身保護衣及呼吸器具。

參考資料

(1)《工廠及工業經營條例》(一般性責任)；

(2)《工廠及工業經營 (密閉空間) 規例》；

(3) 工作守則：密閉空間工作的安全與健康 (勞工處)。

5 水上建造工程

5.1 簡介

如建築工程是在沿岸或船上進行，工作人員都有可能掉進水裏。如果萬一掉進水裏，但又不懂游泳，便會遇溺。故此，在該等地方必須設置適當護欄及救生圈，提供救生衣予工作人員穿着。訂立安全工作制度，制定緊急應變計劃，提供有關培訓予所有人員。

5.2 危害辨認

在水邊工作最大的危害是掉進水裏遇溺，成因包括：

(1) 失足。

(2) 被船上搖擺的物件 (例如：起重工具或吊重物) 擊中。

(3) 車輛或流動機械從岸邊墮海。

■ 穿着救生衣以防失足遇溺

5.3 危害評估

評估危害時，可以考慮以下的因素以方便估計可發生意外的嚴重程度和可能性：

(1) 防止人體墮下設施。

(2) 救生設備的提供、存放及保養。

(3) 潮水漲退。

(4) 天氣、風浪情況。

■ 在岸邊豎立深水及墮海危險告示

52

(5) 照明情況。

(6) 個別人士是否會暈船浪。

5.4 危害控制

▶ **5.4.1 防止人體墮下設施**

(1) 工作台蓋板必須密封
及有足夠闊度。

(2) 工作台邊必須設置穩
固護欄。

(3) 所有梯子必須牢固繫
在工作台上。

(4) 如有需要，工人必須配
戴安全帶及救生繩。

■ 設有穩固護欄的工作台

(5) 設置適當的救生網。

(6) 若在晚間進行工作，必須提供足夠照明及警告標誌。

(7) 岸邊加圍欄及警告標示。

■ 在岸邊修堤以防行人及車輛墮海

▸5.4.2 救生設備

提供足夠、合適的救生設備

(1) 合規格的救生衣。

(2) 救生圈（765毫米外圍直徑）
連救生繩（30米長，視碼頭
與最低潮退時的水面高度
而定）。

(3) 救生艇必須安放在位，隨時
使用，船員亦應準備隨時執
行拯救任務。

(4) 急救箱及復甦器。

■ 備有能隨時使用的救生圈

▸5.4.3 救生步驟

(1) 救生員應盡量走近水
邊，站在安全的位置。

(2) 注視遇溺者的飄向及
動態。

(3) 拋出救生圈或任何浮
物給遇溺者。

■ 拋出救生物施救

(4) 如情況許可，涉水到遇溺者處將他救回岸上。

(5) 不懂泳術及沒有接受過救生訓練的人員，不得下水救人。但必須發出警號通知他人告知有人遇溺。

5.5 個人防護設備

(1) 穿戴安全帽及安全鞋。

(2) 水邊工作的工人應穿上合規格的救生衣。

(3) 按需要配戴安全帶及救生繩。

■ 穿上救生衣，配戴安全帶及救生繩

參考資料

(1)《工廠及工業經營條例》；

(2)《建築地盤 (安全) 規例》；

(3) 工作安全及健康守則 (沿岸的陸上建築──防止工人墮下) (勞工處)；

(4)《船舶及港口管制條例》；

(5)《商船 (本地船隻) 工程規例》。

6 拆卸工程

6.1 簡介

本地經濟發展迅速，不少樓宇需要拆卸重建，拆卸工序存在或潛在不少安全的問題。往往因被拆卸樓宇的現有資料不足，未能預先制定預防計劃，在施工期間，也因各種內外因素，未能按既定施工方案進行，或地盤管理人員及工人判斷錯誤、疏忽，而發生嚴重事故。為減少事故，政府、發展商、專業人士、承建商、工地主管及工人等必須緊密合作，共同訂立安全工作制度，提高拆卸工程的警覺性和加強預防措施，才可以保護人命財產的損失。

6.2 危害辨認

在拆卸過程中，可能會發生各種不同的危害。這些危害都會直接對工人或公眾造成危害。

(1) 人體從高處墮下。

(2) 受困於倒塌的樓宇之下。

(3) 遭墮下的物件撞擊。

(4) 危險化學物品。

(5) 塵埃 (例如石棉、鉛金屬、矽塵埃)。

(6) 噪音。

(7) 火警。

6.3 危害評估

評估危害時，可以考慮以下的因素以方便估計可發生意外的嚴重程度和可能性：

(1) 樓邊沒有設置圍欄及踢腳板，高空作業人員從高處墮下。

(2) 樓宇的結構不能承受施工過程中增加之負荷 (例如：泥頭、機械及廢料) 而倒塌。

(3) 拆卸的樓宇內仍存有易燃物體、有毒或有害化學物品及放射性物質等，可能發生火警及爆炸，或危害工作人員。

(4) 樓宇沒有圍網、圍板、有蓋行人通道，廢料、碎石、工具及垃圾從高處墮下。

(5) 拆卸過程中產生塵埃、噪音。

6.4 危害控制

(1) 一般安全措施

(a) 訂立安全施工方案，清楚列明拆卸的先後次序，送交有關部門批核。施工期間要密切觀察及即時評估危害，並制定緊急應變措施，所有工序及措施必須嚴格執行；

(b) 採用一切合適的預防措施，拆卸方法及工序，包括如何適當地處理廢料或殘渣，及遵守有關的法例和規條；

■ 清廢鐵

(c) 拆卸工序應有計劃地及在合適人士監督下才可以進行。

■ 處理廢料或殘渣

(2) 進行拆卸前

    (a) 獲得拆卸的樓宇以前資料，然後觀察以前的樓宇是否曾被化學品及易燃物品或有害物質污染；

    (b) 將所得的資料進行分析及評估，訂出安全施工方案。

(3) 截斷所有水、氣體及電等的公共設施，或將總開關掣裝置到安全的地方。

(4) 如需保留上述的公共設施，就必須有足夠的安全保護。

(5) 用不少於5米高堅固圍板分隔地盤與公眾地方。非工作時間內，所有出入口保持關閉。

■ 關閉所有進出口

(6) 如樓宇曾受化學物品或有害物質污染，必須事先進行淨化。否則便要提供合適的防護設備給工人穿戴。

(7) 如工序需使用易燃物品，應有足夠的防火措施。

(8) 如只是拆卸有關設備的一部分，須將其與主體分隔，並清除所有易燃或有害的殘餘物質。

(9) 在強風或惡劣天氣時，不應進行拆卸工程。

(10) 控制在拆卸時產生的粉塵及噪音。

(11) 防止人體墮下

(a) 應以樓宇結構(如安全)本身作為工作場地的首要考慮；

(b) 必要時提供安全的工作台；

(c) 因現場環境或其他因素，不能採用上述措施，則僱主必須安裝安全網，提供安全帶和救生繩給予工人配戴。

(12) 防止物件墮下

(a) 所有可移動物件不應放近樓面或洞口周邊；

(b) 拆卸中樓宇外牆應裝上合適之排柵，保護網及行人圍欄以保護路人之安全；

(c) 所有在工地內之人士須配戴合規格之安全帽。

(13) 拆卸樓宇過程中，如發現或需要清除石棉時，應諮詢或聘請註冊石棉顧問進行評估及由註冊石棉承包商清除所有石棉後，方可開始拆卸。

(14) 工人如在噪音劑量90分貝(A)或以上的施工現場工作，必須配戴合適的聽覺保護器。

(15) 如操作風鑽及風砲等工具，應交替工作及穿戴防護手套，以減少患上「震盪白手指」病的機會。

6.5 個人防護設備

(1) 所有在工地內之人士須配戴安全帽及安全鞋。

(2) 按需要，高空工作的工人應配戴安全帶和救生繩。

(3) 按需要，穿戴合適的化學品防護設備。

(4) 在高噪音的工作環境內，必須配戴合適的聽覺保護器。

參考資料

(1)《工廠及工業經營條例》；

(2)《工廠及工業經營規例》；

(3)《工廠及工業經營(密閉空間)規例》；

(4)《工廠及工業經營(起重機械及裝置)規例》；

(5)《建築地盤(安全)規例》；

(6)《工廠及工業經營(石棉)規例》；

(7)《工廠及工業經營(保護眼睛)規例》；

(8)《工廠及工業經營(危險物質)規例》；

(9)《工廠及工業經營(工作噪音)規例》；

(10)《建築物條例》；

(11)《建築物(拆卸工程)規例》；

(12)《空氣污染管制(石棉)規例》；

(13)《廢物處理(一般)規例》。

7 鋼架工程

7.1 簡介

架設鋼架最大的危害是工作人員從高空墮下。所以在策劃和設計的同時，要考慮減少或避免高空作業。若環境不允許，須設置安全進出通道及安全的工作台。

7.2 危害辨認

在架設鋼架時可能遇到的危害有：

(1) 人體從高處墮下。

(2) 遭墮下的物件撞擊。

(3) 受困於倒塌的鋼架之下。

(4) 被移動的吊運物件撞倒。

(5) 人力提舉時受傷。

7.3 危害評估

評估危害時，可以考慮以下的因素以方便估計可發生意外的嚴重程度和可能性：

(1) 沒有工作台，工人從鋼架墮下。

(2) 沒有合適的工作台，物料或工具墮下。

(3) 鋼架組件沒有足夠的支撐或接穩。

(4) 鋼架組件沒有吊掛好，在吊運途中過度擺動。

(5) 鋼架組件過重，不宜徒手搬動。

■ *鋼架上的工人須配戴安全帶*

7.4 危害控制

(1) 適當設計，小心策劃

    (a) 在架設鋼架時，要安排裝上合適的安全進出通道、扶手、欄杆等設施；

    (b) 所有接合位的設計能容易擰上螺栓；

    (c) 設計有足夠的支撐去加強鋼架的穩固性；

    (d) 要確保足夠資料，如圖則、安裝方法等已遞交到鋼架安裝員手中，並指示必須按照有關資料進行。

(2) 安裝前，計劃安全施工的方法

    (a) 計劃安全進出通道，訂立適當位置給起重機械或其他運輸車輛傳送物料；

    (b) 把物料安全地儲存；

    (c) 架設鋼架時，不應安排有其他人員在下面工作；

    (d) 如有可能，應使用獨立工作台給安裝人員進行架設鋼架；

    (e) 如安裝人員需在鋼架上工作，則必須配戴安全帶或在工作位置下面裝上安全救生網；

    (f) 所有人員不能在鋼樑上面行走；

    (g) 經常檢查鋼架上的主要支撐，如有疑問應立即向有關人士詢問；

    (h) 在工作開始前，訂立施工方案；並確保所有人員要確實執行及遵守。

(3) 預防人體墮下

很多工人不僅在架設鋼架時會從高處墮下，舖設台板時亦同樣有很大的危險。因此需要有以下的措施：

    (a) 所有台邊要裝上合適圍欄；

    (b) 如有可能，在地面分配台板，及在板上預先裝上圍欄；

    (c) 使用獨立工作台來安裝台板。

    (d) 提供安全網。

7.5 個人防護設備

(1) 穿戴安全帽、安全鞋。

(2) 在鋼架上工作，必須配戴安全帶或在工作位置下面裝上安全救生網。

參考資料

(1)《工廠及工業經營條例》；

(2)《建築地盤 (安全) 規例》；

(3)《工廠及工業經營 (起重機械及裝置) 規例》；

(4)《安全帶及其繫穩系統的分類與使用指南》(勞工處)。

8 隧道工程

8.1 簡介

地底建築工程(即隧道工程)可能危機四伏,預防意外的最佳方法是及時找出危害之處,採取適當預防措施。輕微事故往往導致嚴重意外,所以預防之道在於遵守一些重要規則。

8.2 危害辨認

(1) 人體從高處墮下。

(2) 絆倒或滑倒。

(3) 遭墮下的物件撞擊。

(4) 被塌下泥土或碎石活埋。

■ 爆炸品危險倉設在儲物貨櫃排以外,遠離工場。

(5) 遭移動的車輛撞倒。

(6) 被吊運中的物件撞擊。

(7) 被移動或擺動的機械撞擊。

(8) 觸電、火警及爆炸受傷。

(9) 遭噪音、塵埃或有害氣體傷害。

(10) 提舉或搬運物件時受傷。

8.3 危害評估

　　評估危害時，可以考慮以下的因素以方便估計可發生意外的嚴重程度和可能性：

(1) 工作台不合規格，令工人或物件跌出。

(2) 工人過份接近移動的車輛或機械。

■ 採用人車分路

(3) 運輸機車超載，令物料跌出。

(4) 過份接近爆破區。

(5) 運輸機車超速失控。

(6) 抽風系統欠佳，令氧氣水平下降或塵埃／有害氣體積存。

(7) 環境狹窄，被迫採用不良的體力處理操作姿勢。

8.4 危害控制

▸ 8.4.1 裝置

(1) 通風系統

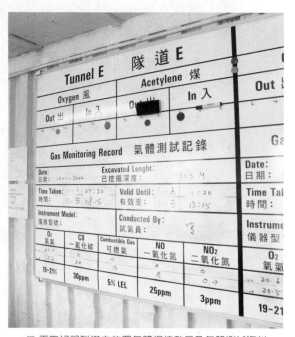

■ 更亭記錄隧道內放置氣體焊接數量及氣體測試資料

隧道中通風系統須達到以下的要求：

    (a) 有足夠的通風系統，避免廢氣積存在隧道內；

    (b) 定時測量空氣質素；

(c) 新鮮空氣槽要伸展至工作地區;

(d) 避免空氣槽扭曲。

■ 通風系統

(2) 照明

　　(a) 所有工地及行人通道必須有足夠照明;

　　(b) 危險區域加裝特別燈光;

　　(c) 用閃爍警告燈提示危險地帶;

　　(d) 照明裝置要有防水設備;

　　(e) 定期檢查,清潔及保養。

(3) 電力裝置

　　(a) 須由合格電器技師檢查,測試及保養所有電力裝置;

　　(b) 切勿擅自修理或改裝任何電力裝置;

　　(c) 慎防電線損壞;

　　(d) 報告任何電器損毀情況;

　　(e) 電線及喉管必須掛放在隧道壁上。

(4) 救援設備

■ 隧道更亭詳細記錄工人進出，並顯示在報告板上

    (a) 必須在每個電話旁張貼詳細的緊急指示及救援步驟；

    (b) 提供正常及緊急情況時使用的有效通訊設備；

    (c) 安排由消防局參與的緊急救援演習；

    (d) 安裝急救及救援設備；

    (e) 安裝滅火系統；

    (f) 需要時，提供救生用氧氣設備；

    (g) 安裝緊急照明系統。

(5) 交通運輸

    (a) 人車分路；

    (b) 使用專為行人或車輛而設的通道；

    (c) 穿着高能見度的反光衣服；

    (d) 火車頭須裝有車頭燈及響號；

    (e) 如可能，用雙向軌道行車；

    (f) 不可在機械上攀爬；

(g) 車與車之間應保持適當距離。

(6) 使用隧道鑽機挖掘時

    (a) 要遠離危險地帶；

    (b) 用濕鑽法或吸掉沙塵的設備；

    (c) 配戴護耳裝置；

    (d) 機器移動時用車頭燈作警告。

(7) 人手鑽孔時

    (a) 採用安全工作位置；

    (b) 配戴護耳及護眼裝置；

    (c) 用濕鑽法或吸掉沙塵的設備。

(8) 爆破時

    (a) 保持安全距離；

    (b) 設置保護區；

    (c) 爆破後立即保持空氣流通；

    (d) 配戴護耳裝置。

(9) 使用挖土運輸帶進行挖掘時

    (a) 遵守警告標誌，切勿進入機器危險範圍；

    (b) 在顯眼位置安裝緊急煞掣。

(10) 在工作台架上工作

    (a) 安裝防止工人墮下的裝置；

    (b) 安裝良好的工作台板；

    (c) 工作台要加裝圍欄；

    (d) 工作台板必須全面覆蓋。

▶ 8.4.2 處理有毒物料

(1) 油渣廢氣及煙塵

    (a) 保持空氣流通，清除煙塵；

(b) 使用低污染的機械，並妥善保養；

(c) 控制油渣的使用；

(d) 不要讓機器隨便開動。

(2) 爆石後的煙塵

(a) 抽去有毒氣體及塵埃；

(b) 保持空氣流通；

(c) 使用低污的爆炸品；

(d) 設立保護區域或使用呼吸保護器。

(3) 噴漿灰塵

(a) 抽去灰塵及用濕方法處理噴漿；

(b) 使用無塵機器；

(c) 離開煙塵密佈的地方；

(d) 使用呼吸保護器。

▶ 8.4.3 體格檢驗

(a) 從事地底工作的工人的資料須記錄在登記冊（《工廠及工業經營規例》第二附表表格一）內，資料包括個人資料、照片、開始從事地底工作的日期及體格檢驗的日期；

(b) 從事地底工作的工人須在工作之日的前一個月內，接受體格檢驗，獲發合格證明書。

8.5 個人安全設備

在隧道內工作時必須經常配戴：

(1) 安全帽。

(2) 安全靴／鞋。

(3) 耳塞／耳罩。

(4) 呼吸保護器。

(5) 保護手套。

(6) 穿着反光衣。

參考資料

(1)《工廠及工業經營條例》；

(2)《工廠及工業經營規例》；

(3)《建築地盤 (安全) 規例》；

(4)《工廠及工業經營 (密閉空間) 規例》；

(5)《工廠及工業經營 (起重機械及起重裝置) 規例》；

(6)《工廠及工業經營 (危險物質) 規例》。

9 打樁工程

9.1 簡介

打樁工程，可能會造成很嚴重的傷亡事故，所以必須做好預防措施。打樁有不同的方法，一般的預防措施，可能只對某類打樁有效；有些則需要特別的預防措施，才可消除危害。

9.2 危害辨認

在打樁工程地盤內，通常會遇到以下的危害：

(1) 人體墮下。

(2) 地下公共設施遭受損毀引致觸電、火警或爆炸受傷。

(3) 遇溺。

(4) 被移動或擺動的機械撞擊。

(5) 起重機械或打樁機翻倒以致工人受困。

(6) 遭墮下的物件撞傷。

(7) 提舉或搬運物件時受傷。

(8) 絆倒或滑倒。

(9) 電焊及風煤切割引起的各類危害。

(10) 噪音。

(11) 接觸危險物質。

9.3 危害評估

評估危害時，可以考慮以下的因素以方便估計可發生意外的嚴重程度和可能性：

(1) 工作台的設計、構造及裝設。

(2) 地下公共設施的種類及位置。

(3) 地理環境在惡劣天氣下可出現的狀況。

(4) 機械的分佈。

(5) 施工地點的地勢。

(6) 鋼筋及鐵籠的構造及吊掛方法。

(7) 提舉或搬運物件時受傷。

(8) 工地整理。

(9) 電焊及風煤切割設備的維修及保養。

(10) 暴露於噪音之下的音量及時間。

(11) 危險物質的危害性。

(12)「載人吊籠」的使用。

■ 打「工字」樁

9.4 危害控制

打樁工作開始進行時，很多潛在的危險可能會變成真正的危害，所以我們要清楚地辨認這些危害。最佳方法是經常執行安全巡查， 如發現有危險的情況，便立即採取預防措施，以減少事故的發生。

(1) 高空工作

(a) 如要在高空工作但又未能提供工作台時，必須提供一些特別裝備以減少人體墮下的風險；

(b) 減低露出泥土的鋼板樁高度，使用升降台、台架式行人橋及梯架、鋼板樁互鎖索引器，或改用可從地面鬆脫的鈎環，均可摒棄以危險的「載人吊籠」進行鋼板樁互鎖操作；

(c) 小心選擇適當的裝置，並對工作人員提供必須的訓練；

(d) 使用合適的安全帶。

(2) 地下電纜及輸送管

(a) 事先與有關機構聯絡，取得地下公共服務設施的資料；

(b) 工程督導員應在工程開始前對埋藏在地下的電纜和輸送管的位置有清楚的了解；

(c) 要跟從指示工作；

(d) 一旦發現不明的輸送管和電纜時，要立即停止工作；

(e) 一切電纜要當作帶電處理，除非有關公司證實已終止電力供應。

(3) 機械設備

(a) 地面要經常維持在良好水平狀況，才可讓打樁機或起重機械在其上面工作；

(b) 必須定時清理地面積水及淤泥，保持地面有足夠硬度，承托樁機或起重機械；

(c) 要經常檢查地面傾斜是否影響機械設備的安全；

(d) 所有機械設備必須要由曾受訓練的合適人士操作；

(e) 定時檢查、測試和檢驗；

(f) 工作人員要知道荷載物的重量；

(g) 不要超出機械設備的使用限制；

(h) 要留意機械設備附近的障礙物及地面情況；

(i) 要由曾受訓練的人士當訊號員；

(j) 機械設備必須在平坦的地面上操作。

■ 磨樁機械

(4) 起重裝置

    (a) 每件吊重設備都必須標明安全負重量;

    (b) 工作人員要知道整組荷載的重量(包括吊具在內);

    (c) 吊索角度不宜超過90度;

    (d) 每件荷載物都要綁上尾繩,特別是在大風情況下吊運;

    (e) 只可由一人發出正確訊號。

(5) 鋼筋及鐵籠

    (a) 每次降下及擺放鋼筋時都要小心放在正確穩固的位置;

    (b) 必須採用安全方法架設及製作鐵籠;

    (c) 用體力搬運鋼筋時,使用正確的搬運方法;

    (d) 所有用作紮鐵籠的鐵線尾端,必須朝向籠內方向;

    (e) 如吊運鐵籠時,對該籠的受力點有疑問,必須向有經驗人士查詢。

(6) 架空電纜

    (a) 檢查所有架空電纜對機械設備是否會構成危險;

    (b) 所有架空電纜都要當作帶電處理,除非得到有關公司／機構證實已切斷電力供應;

    (c) 如無上級同意,切勿在架空電纜附近使用樁機或吊機;

    (d) 在架空電纜附近操作機械設備時,必須同時採取適當安全措施(如龍門架)。

(7) 工地整理

    (a) 必須定時清理地面積水及淤泥,避免工人誤踏積水的洞穴或不平地面,造成意外;

    (b) 確保工地已設有足夠防護措施與公眾地方隔離。

(8) 電焊及風煤切割

    (a) 電焊及風煤切割工作只可由曾受訓練的合適人員執行,而風煤切割者更規定要有效證明書;

    (b) 定時檢查風煤設備是否有漏氣的情況;

(c) 使用風煤時，工場內要空氣流通；

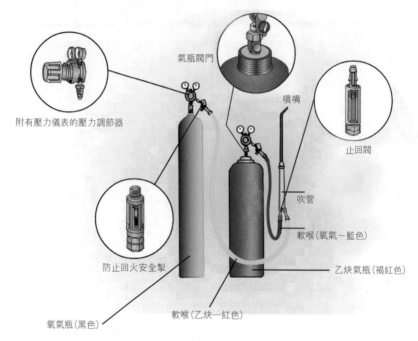

氣瓶閥門

噴嘴

附有壓力儀表的壓力調節器

止回閥

吹管

軟喉(氧氣─藍色)

防止回火安全掣

乙炔氣瓶(褐紅色)

氧氣瓶(黑色)

軟喉(乙炔─紅色)

■ *使用氧炔火焰作氣體焊接及火焰切割的設備*

(d) 每套風煤錶都要裝上防止回火器；

(e) 所有電焊的電線都必須有足夠負荷以應付工作；

(f) 所有焊接電路都要有接地保護；

(g) 所有焊工都要配戴適當護眼設備，如有需要還要配戴呼吸保護設備。

(9) 噪音

(a) 在噪音影響範圍內工作，必須配戴耳塞或耳罩；

(b) 在配戴該等聽覺保護器時，配戴的方法要正確，否則防止噪音的功能會大大減低；

(c) 如發現耳塞或耳罩有任何損壞，應立即通知主管更換；

(d) 盡量遠離噪音地帶；

(e) 如要防止噪音發生，應避免進行任何金屬與金屬撞擊的工序；經常潤滑機械磨擦部分；發出聲響機器的門應保持常關，機械設備須常

常檢查、定期維修及保養。

(10) 危險物質

一般在打樁工程中常常遇到的危險物質有水泥及塵埃等，這些物質都會引致皮膚炎及其他病症。這就要求必須遵守下列安全措施：

(a) 對有關物質不清楚，要立即詢問；

(b) 要學習如何正確地使用有關物質及瞭解其危害性；

(c) 小心閱讀有關安全資料；

(d) 正確地儲存該等物料；

(e) 必須知道處理緊急事故的程序；

(f) 正確地使用個人保護器具。

9·5 個人防護設備

(1) 穿戴安全帽、安全鞋。

(2) 高空工作要使用合規格的安全帶。

(3) 按需要穿着反光衣。

(4) 焊工都要配戴適當護眼設備，如有需要還要配戴呼吸保護設備。

(5) 在噪音影響範圍內工作，必須配戴耳塞或耳罩。

(6) 在處理有害或刺激性物質時，要配戴手套及呼吸保護設備。

參考資料

(1)《工廠及工業經營條例》；

(2)《建築地盤 (安全) 規例》；

(3)《工廠及工業經營 (起重機械及起重裝置) 規例》；

(4)《工廠及工業經營 (保護眼睛) 規例》；

(5)《工廠及工業經營 (工作噪音) 規例》；

(6)《工廠及工業經營 (危險物質) 規例》；

(7)《互鎖鋼板樁的安全工作指南》(勞工處)。

10 運輸車輛

10.1 簡介

在建築地盤內，每年都有工人被移動中或翻倒的車輛撞擊或壓倒，造成嚴重的傷亡事故。如執行有效的管理和使用運輸車輛制度，很多事故和風險便可以減少並避免了。

10.2 危害辨認

(1) 工人遭移動中的車輛撞倒。

■ 行人道和車道分隔

(2) 與其他車輛碰撞。

(3) 受困於翻側的車輛下。

(4) 給翻倒的貨物壓傷。

(5) 人體從高處墮下。

10.3 危害評估

評估危害時，可以考慮以下的因素以方便估計可發生意外的嚴重程度和可能性：

(1) 在車輛附近工作。

(2) 工地路面不平或太窄。

(3) 超速駕駛。

(4) 工地路面太斜。

(5) 車輛翻倒坑穴內。

(6) 缺乏維修保養，機件失靈。

(7) 車輛超額載貨。

(8) 車輛超額載人，乘客被拋出車外。

(9) 工人在貨斗上滑倒或跌倒以致從高處墮下。

10.4 危害控制

(1) 車輛只可使用指定的地盤進出口、路線及遵守交通法例及管制。

(2) 小心駕駛，留意是否觸及架高電纜。

(3) 車輛使用道路必須與行人道分開。

(4) 考慮使用單程行車以減少車輛掉頭的危險性。

(5) 車輛只可在指定地點掉頭。

(6) 如在坑穴旁邊傾倒泥土或行走，必須在坑邊提供擋板，避免車輛駛得太近而翻倒在坑穴內。

(7) 停放車輛後，必須拉上手掣。

(8) 必須嚴格遵守車速限制。

(9) 所有車輛必須定時檢查和維修。

■ 車速限制

(10) 切勿超額運載。

(11) 如車上沒有適合之座位裝置，不可接載任何乘客。

(12) 車輛只可由持有有效駕駛執照的人員駕駛。

(13) 交通指導員及工人按需要必須穿着反光衣。

(14) 沒有圍欄或圍板的貨斗上，避免在貨物上行走。

10.5 個人防護設備

(1) 交通指導員必須穿着反光衣。

(2) 工人按需要，在工地交通繁忙的工作區必須穿着反光衣。

(3) 參與貨物的起卸和搬運時，需穿着安全鞋。

(4) 司機駕駛時應扣上安全帶。

參考資料

(1)《工廠及工業經營條例》；

(2)《建築地盤 (安全) 規例》；

(3)《交通管制 (車輛) 規例》。

11 焊接及切割安全

11.1 簡介

在工地內，經常使用電焊及氣焊進行焊接及切割，這些工序存在不少隱患及危害，例如觸電、灼燙、擠傷、壓傷、砸傷、火警及爆炸等，所以必須落實遵守，執行安全操作規則及預防措施，才可以保護人命及財產的損失。

11.2 電焊

▶ 11.2.1 危害辨認

(1) 觸電

　　(a) 焊工接觸電的機會很多，經常要帶電作業，如接觸焊件、焊槍和工作台等。還有調節電流和換焊條，有時還要站在焊件上工作；

　　(b) 電氣裝置有毛病，例如電源絕緣損壞，防護用品有缺陷或違反操作規程等；

　　(c) 在容器、管道、船倉、鍋爐或鋼構架上工作。

(2) 火災、爆炸和灼燙事故

　　(a) 電焊操作過程中，因短路和超負荷工作，引起電氣火災；

　　(b) 周圍有易燃物品時，由於電火花和火星飛濺，特別是燃料容器(如油罐)和管道的焊補，會引起火災和爆炸。火災、爆炸和操作中的火花飛濺也會造成灼燙傷亡事故。

(3) 從高處墮下

　　電焊高空操作較多，除直接從高空墮下危險外，還可因觸電失控而從高空墮下。

(4) 機械性傷害

　　焊接笨重構件，可能會發生擠傷、壓傷和砸傷等事故。

(5) 弧光輻射的危害

  (a) 紫外線

- 過度照射引起眼睛的急性角膜炎(電光性眼炎),這是直接操作和輔助工人的一種特殊職業性眼病。波長很短的紫外線,能損害結膜和角膜,有時甚至侵及虹膜和視網膜。
- 皮膚受強烈紫外線作用時,引起皮炎(慢性紅斑),有時出現小水泡,滲出液體和浮腫,有燒傷感及發癢。

  (b) 紅外線

危害主要是引起組織的熱作用,眼部受到強烈的紅外線輻射,立即感覺強烈的灼傷和灼痛,長期接觸可能造成白內障、視力減退,嚴重時能導致失明,還會造成視網膜灼傷。

  (c) 可見光

被可見光照射後會使人眼睛疼痛,看不清東西(電焊晃眼),短時間失去勞動能力。

(6) 煙塵危害

  (a) 焊工塵肺

人體長期吸入超過規定濃度的電煙塵,會引起肺組織慢性纖維化的疾病。

  (b) 焊工錳中毒

長期吸入超過允許度的錳及其化合物的電焊煙塵而中毒,發病很慢,接觸3-5年甚至20年後才逐漸發病。

11.2.2 危害評估

評估危害時,可以考慮以下的因素以方便估計可發生意外的嚴重程度和可能性:

(1) 進行電焊前應評估現場環境是否乾爽沒有積水。

(2) 進行電焊前應評估現場環境附近是否存有易燃物。

(3) 進行電焊前應評估現場環境的風向及氣流流動方向，焊工應在上流位置以減少吸入煙塵的機會。

(4) 在戶外進行電焊前應評估天氣狀況是否適宜。

(5) 進行電焊前應評估現場環境是否空氣流通，空氣內是否有足夠的氧氣濃度。

▶ **11.2.3 危害控制**

(1) 電焊機外殼，必須接地良好，其電源裝拆應由合格電工進行。

(2) 焊機要設單獨開關，開關應放在防雨的閘箱內。

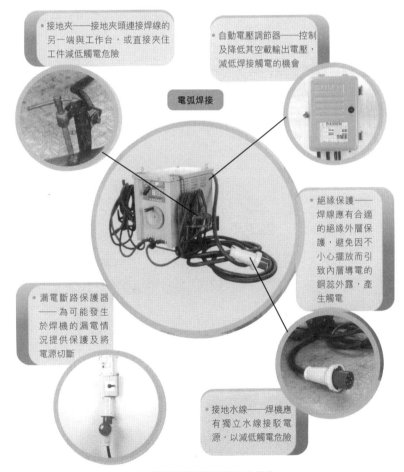

接地夾——接地夾頭連接焊線的另一端與工作台，或直接夾住工件減低觸電危險

自動電壓調節器——控制及降低其空載輸出電壓，減低焊接觸電的機會

電弧焊接

絕緣保護——焊線應有合適的絕緣外層保護，避免因不小心擺放而引致內層導電的銅蕊外露，產生觸電

漏電斷路保護器——為可能發生於焊機的漏電情況提供保護及將電源切斷

接地水線——焊機應有獨立水線接駁電源，以減低觸電危險

■ *焊接及切割的工作安全措施*

(3) 焊鉗與把線必須絕緣良好，連接牢固。更換焊條時，應戴上手套。不可站在潮濕地點工作。

(4) 雷雨時，應停止露天焊接作業。

(5) 嚴禁在帶壓力的容器或管道上施焊。焊接帶電的設備，必須先切斷電源。

(6) 多台焊機在一起集中施焊時，焊接平台或焊件必須接地，並應有隔光板。

(7) 高空作業點下方，火花所及的範圍內，應徹底清除易燃易爆物品。

(8) 工作現場10米以內，應設欄杆擋隔。

(9) 除鎢極惰性氣體焊接外，不得使用高頻震盪器，以防觸電，失足摔落。

(10) 更換場地把線時，應切斷電源，並不得手持把線爬梯登高。

(11) 禁止將電纜纏在身上操作。

(12) 配戴合標準的個人防護設備。

(13) 工作結束後，應切斷電源，並檢查操作地點，確認無起火危險，方可離開。

■ 工作結束後，切斷電源，檢查清掃工作地點。

▶ 11.2.4 個人防護設備

進行電焊時配戴下列個人防護設備：

(1) 燒焊用之頭盔或護目盾。

(2) 削碎鐵渣用的護目鏡。

(3) 手套、圍裙及絕緣鞋。

(4) 穿着深色、長袖及緊身的厚棉質或羊毛衣服。

(5) 合適的皮手套及絕緣安全靴，不可將褲腳束入靴內。

11.3 氣焊

▶ 11.3.1 危害辨認

(1) 火災及爆炸

    (a) 在焊補燃料容器和管道時，遇到許多可易燃易爆氣體和各種壓力容器，由於氣焊與氣割操作中需與危險物品和壓力容器接觸，同時又使用明火，就容易造成火災和爆炸事故；

■ 爆炸事故

(b) 附近有易燃物品或液體、火花點燃這些物體或蒸氣，引致火災及爆炸；

(c) 氣瓶爆炸原因

- 墜落、傾倒或滾動，受到劇烈衝擊或碰撞；
- 氣瓶受嚴重腐蝕或強烈日光曝曬、明火、熱輻射的作用；
- 沒有按規定的日期進行檢驗；
- 瓶閥、閥門桿或減壓器等粘附油脂；
- 氣瓶，無瓶帽保護氣瓶閥，受震動或使用方法不當，造成密封不嚴、洩漏，甚至瓶閥破壞，高壓氣流衝出。

(d) 膠管發生爆炸或着火原因

- 膠管裏已形成乙炔和氧氣(或空氣)的混合氣；
- 回火火焰燒進膠管；
- 由於磨損、擠壓、腐蝕或保養維護不善，造成膠管材質老化，強度降低或漏氣；
- 氧氣膠管沾有油脂或因高速氣流產生靜電火花等。

(2) 灼燙傷事故

(a) 高空作業施焊割切時，火花掉落下面傷及工作或走過的人；

(b) 氣割時氧氣射流的噴射，使火花承熔珠和溶渣等四處飛濺，容易造成灼燙傷事故。

(3) 中毒

被焊金屬在高溫作用下蒸發成金屬煙塵和有害金屬蒸氣。在焊補操作中，還會產生其他生產性毒物和有害氣體，特別是在通風不良的狹少空間或容器管道裏操作，極易造成焊工急性中毒事故。

11.3.2 危害評估

(1) 進行氣焊前應評估現場環境附近是否存有易燃物。

(2) 進行氣焊前應評估現場環境的風向及氣流流動方向，焊工應在上流位置以減少吸入煙塵的機會。

(3) 進行氣焊前應評估現場環境是否空氣流通，空氣內是否有足夠的氧氣濃度。

▸ 11.3.3 危害控制

(1) 氣割前，應將工作表面的漆皮、銹層和油水污物清理乾淨。在水泥路面切割時應墊高工件，防止銹皮和水泥地面爆濺傷人。

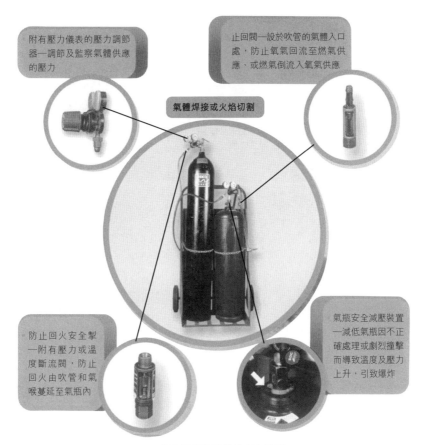

附有壓力儀表的壓力調節器—調節及監察氣體供應的壓力

止回閥—設於吹管的氣體入口處，防止氧氣回流至燃氣供應、或燃氣倒流入氧氣供應

氣體焊接或火焰切割

防止回火安全掣—附有壓力或溫度斷流閥，防止回火由吹管和氣喉蔓延至氣瓶內

氣瓶安全減壓裝置—減低氣瓶因不正確處理或劇烈撞擊而導致溫度及壓力上升，引致爆炸

■ 焊接及切割設備的安全裝置

(2) 所有裝置須經常檢查及維修，防止漏氣。

(3) 嚴禁吸煙，不可穿着染有油類或油脂的衣服及放置在有暴露燈火之處。

(4) 吹管各連接部位，氣體通道，不得沾染油脂。

(5) 吹管停止使用後，禁止將吹管、膠管和氣源作永久性連接。

(6) 使用合適的點火器。

(7) 氣瓶

　(a) 定期進行檢試，使用期滿和送檢未合格的氣瓶，不准使用；

　(b) 禁止把氧氣瓶、乙炔瓶和其他可燃氣瓶、可燃物同車運輸或混合貯存；

　(c) 應輕裝輕卸，穩固豎立放穩，嚴禁拋滑、滾碰及撞傷；

■ 安全存放及處理氣瓶

　(d) 氣瓶應豎立存放在通風良好的庫房。充滿氣體的氣瓶與空瓶須分隔存放，並貼以「空」「滿」的標誌。周圍註明防火及防爆標誌，並裝置合適的滅火器材。（如上圖）

(e) 不得靠近熱源和電氣設備，防止曝曬，與明火距離一般不少於10米；

(f) 禁止在乙炔瓶放置物件、工具或纏繞懸掛橡皮管及焊割炬等；

(g) 必須裝有減壓器和防止回火器；

(h) 認識氣瓶的標誌；

氣瓶頸上的標誌		
	顏色	活門螺絲牙螺旋方向
氧氣	黑	右螺旋
乙炔	棕	左螺旋

(i) 須用適當手推車搬運氣瓶，氣瓶上不可附有調整器及膠管，或將氣瓶活門關閉；

(j) 倘若乙炔氣瓶意外受熱或因其他原因發熱，須：

- 關閉氣瓶活門；
- 立即將氣瓶搬去安全空曠的地方；
- 將氣缸浸入水中或澆以大量清水，減低溫度；
- 繼續以水保持冷卻；
- 通知氣體供應商。

(8) 膠管

(a) 在保存、運輸和使用膠管時必須注意維護，保持膠管的清潔和不受損壞，例如避免雨淋，防止與酸、油類及其他有機溶劑等影響質量的物質接觸。如發現老化和破損，必須立即更換。

(b) 在使用中應避免受外界擠壓和機械損傷，不得將管身折疊；

(c) 膠管不可沾有油脂；

(d) 應以膠管箍或其他適當方法，將膠管緊繫於噴管或其他接合物上；

(e) 盡量避免使用過長膠喉，如需使用長度超過標準，應使用適當接頭；

(f) 氧氣用藍色膠喉，乙炔則用紅色，不得互相混用和代用。

▸ 11.3.4 個人防護設備

進行氣焊時配戴下列個人防護設備：

(1) 燒焊用之頭盔或護目盾。

(2) 手套、圍裙。

(3) 穿着深色、長袖及緊身的厚棉質或羊毛衣服。

(4) 合適的皮手套及安全靴，不可將褲腳束入靴內。

11.4 其他安全措施

(1) 電焊及氣焊工必須經過培訓才可操作，而氣焊工更要持有有效證明書。

(2) 設置屏障，阻擋強光及火花飛濺，保護鄰近的工人和路過行人。

(3) 高空作業焊接時，必須防止火花飛濺墜下，傷及下面工作人員或過路人。

(4) 氣焊膠管，焊接電纜等不得相互纏繞，不可放在地面上，避免其他機械車輪壓榨，否則必須採用保護措施。

(5) 焊接及切割作業點周圍10米內，不得有易燃易爆物品，如有，就要乾淨徹底清除，實在不能清除時，必須進行覆蓋、隔離或採用可靠的方法，做足一切安全措施，確保無危害，才可進行。

(6) 如焊接貯存過易燃、易爆或有毒物品的管道容器或進入密封空間，必須執行工作許可證制度，採取一切有效預防措施，確保安全及無危害，才可進行。

(7) 進行焊接及切割時，必須在可拿取範圍內配備有效合適的滅火筒。

(8) 在密封空間進行焊接或切割，氧氣及乙炔瓶應放置在外，及有人看護，如發現異常情況，可及時搶救。

(9) 焊接地方應保暢通，萬一發生事故可以逃生救援。

參考資料

(1)《工廠及工業經營（氣體焊接及火焰切割）規例》；

(2)《工作守則：氣體焊接及火焰切割工作的安全與健康》(勞工處)；

(3)《工作守則：手工電弧焊接工作的安全與健康》(勞工處)。

12 起重及吊重機械

12.1 簡介

起重及吊重機械是建築地盤常用的設備，如能正確及安全使用，會很快將物料及工人送往目的地，節省人力及方便工作。但若是安裝不當，操作不善及維修不足，便會造成嚴重的傷亡事故，因此安全的預防措施不容忽視。以下討論這些機械涉及的危害及控制方法和有關法例的要求。

12.2 起重機械

▶ 12.2.1 危害辨認

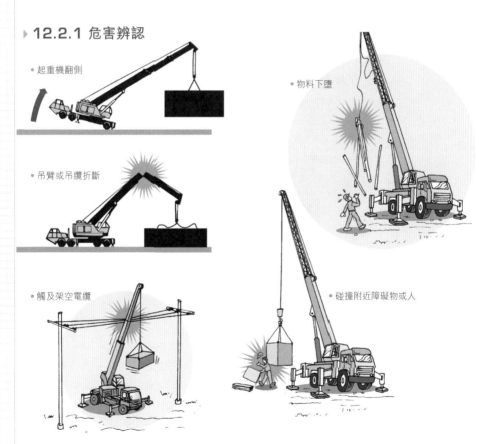

• 起重機翻側

• 物料下墮

• 吊臂或吊纜折斷

• 觸及架空電纜

• 碰撞附近障礙物或人

■ *吊重操作常見的意外*

這裏講的起重機械，即是吊臂起重機及塔式起重機。

(1) 超重或其他原因引致機械傾倒或吊臂折斷。

(2) 吊臂延伸過高，觸及架空電纜，造成觸電傷亡。

(3) 懸吊貨物跌下，擊傷工人。

(4) 工人被機械的移動部位或吊物擊中。

▶ 12.2.2 危害評估

評估危害時，可以考慮以下的因素以方便估計可發生意外的嚴重程度和可能性：

(1) 工作前要評估負荷物的重量會否超過安全載重量。

(2) 工作前要評估現場環境會否有任何結構物、電纜或其他起重機械可能與其碰撞而造成意外。

(3) 工作前要評估天氣狀況是否適宜進行吊重或載人操作。

(4) 吊重前要評估負荷物的重心，避免個別吊索負荷過重。

(5) 用一對吊索同時吊重前，要評估吊索將會形成的夾角並因此而減少的負荷能力。

(6) 操作人員的訓練。

(7) 訊號。

(8) 機械的架設及維修。

單索懸吊	雙索懸吊		四索懸吊	
吊索夾角 0°	吊索夾角 0°-90°	吊索夾角 90°-120°	吊索夾角 0°-90°	吊索夾角 90°-120°
安全負荷(公噸) (1)	安全負荷(公噸) 1.4×(1)	安全負荷(公噸) 1×(1)	安全負荷(公噸) 2.1×(1)	安全負荷(公噸) 1.5×(1)
1	1.4	1	2.1	1.5
2	2.8	2	4.2	3.0
3	4.2	3	6.3	4.5
4	5.6	4	8.4	6.0
5	7.0	5	10.5	7.5
6	8.4	6	12.6	9.0
7	9.8	7	14.7	10.5
8	11.2	8	16.8	12.0
9	12.6	9	18.9	13.5
10	14.0	10	21.0	15.0
11	15.4	11	23.1	16.5
12	16.8	12	25.2	18.0
13	18.2	13	27.3	19.5
14	19.6	14	29.4	21.0
15	21.0	15	31.5	22.5
16	22.4	16	33.6	24.0
17	23.8	17	35.7	25.5
18	25.2	18	37.8	27.0
19	26.6	19	39.9	28.5
20	28.0	20	42.0	30.0

■ 吊索安全負荷表：

• 依照BS6166:Part 1:1986-吊索額定負荷訂定方法編訂

▶ 12.2.3 危害控制

(1) 起重機械及裝置必須遵照法例規定定期由合資格的檢驗員測試和檢驗，並填寫認可證明書。證明安全操作狀態才可使用。

■ 由合資格的檢驗員測試和檢驗起重機械及裝置

(2) 起重機械必須標明安全操作負荷及裝上安全負荷自動顯示器。

(3) 吊臂起重機所有腳撐須盡伸及鎖住在堅固之墊木上。

(4) 不可在架空電纜下操作，以免觸及電纜，若必須在電纜下工作，必須裝置設備來限制吊臂高度。

(5) 機械可移動部位與牆或其他固定的物體之間要保持不少於600毫米的通道，也可裝上圍欄，張貼警告標誌，禁止人員進入。

(6) 操作員必須曾受有關訓練，並持有效證明書。

操作員所用的手號建議使用如下表：

① 緊急停止	② 停止	③ 準備驅動機械	④ 驅離訊號員	⑤ 向訊號員驅進
⑥ 近距離慢行	⑦ 履帶向伸手方向移動	⑧ 履帶向伸手方向移動	⑨ 旋轉盤伸手方向轉動	⑩ 旋轉盤向伸手方向轉動
⑪ 提升吊臂	⑫ 慢動作提升吊臂	⑬ 下降吊臂	⑭ 慢動作下降吊臂	⑮ 提升吊臂下降吊物
⑯ 下降吊臂提升吊物	⑰ 吊臂伸出	⑱ 吊臂縮入	⑲ 使用主吊鈎	⑳ 使用副吊鈎
㉑ 吊鈎下降	㉒ 吊鈎慢慢下降	㉓ 吊鈎上升	㉔ 吊鈎慢慢上升	㉕ 完全休息

▨ *建議的手號：在進行吊重工序時，只可以由吊索工或訊號員其中一人與操作員聯絡。也可以使用其他溝通方式如無線電對講機、電話等。*

(7) 起重機械十不吊：

   (a) 超過機械或裝置的安全負荷；

   (b) 指揮訊號不清楚；

   (c) 吊物下有人；

(d) 吊物上站人；

(e) 埋在地下物；

(f) 斜拉斜牽物；

(g) 鬆散物捆綁不牢；

(h) 零碎散物無容器；

(i) 吊物重量不明，吊索具不符規定；

(j) 強風訊號。

(8) 以起重機械載人

(a) 起重機械只可從一個位置操作；

(b) 以椅子、機籠、吊斗或其他盛器載人，盛器必須設有適當設施，以防止佔用人因旋轉或傾斜跌出，深度至少900毫米；

(c) 如由少於900毫米深度的工作吊板或其他同類工業裝置、設備載人，每佔用人必須配戴安全帶及獨立救生繩。

(9) 證明書及報告的備存及展示

(a) 擁有人在收到任何規定的下次測試、檢驗或檢查的證明書或報告之日起2年內，應備存於安全地方；

(b) 如職業安全主任提出書面要求，上述證明書或副本不少於7天內須呈交查閱。

▸ 12.2.4 個人防護設備

(1) 安全帽及安全鞋。

(2) 以起重機械載人時，被載的工人必須配戴安全帶及獨立救生繩。

▸ **12.3.1** 危害辨認

(1) 人體從高處墮下吊重機槽。

(2) 受困於運貨平台與吊重機槽
之間。

(3) 遭墮下的貨物撞擊。

■ *吊重機槽*

▸ **12.3.2** 危害評估

評估危害時,可以考慮以下的因素以方便估計可發生意外的嚴重程度和可
能性:

(1) 超重及載人。

(2) 會有人觸及的危險部位及可能有人墮下的吊重機槽沒有圍封。

(3) 進出口的閘門沒有關閉便開動。

(4) 同一時間容許多個位置操作或訊號不清楚。

(5) 沒有經過測試檢驗及檢查便使用。

(6) 操作員未經訓練。

(7) 架設不善及維修不足。

▸12.3.3 危害控制

(1) 每個上落平台必須標明安全操作負重量及不可載人的標誌。

(2) 有人觸及的危險部分及可能有人墮下的吊重機槽必須圍封。

(3) 閘門未關閉，不可上落物料。

(4) 同一時間，只可在一個位置操作，訊號要清楚。

(5) 必須遵從規例，定期由合資格檢驗員測試和檢驗及由合資格人員檢查，發出認可證明書，證明安全操作狀態才可使用。

■ 定期由合資格檢驗員測試檢查吊重機

(6) 由合資格的人進行架設及維修。

▸12.3.4 個人防護設備

(1) 地盤內須配戴安全帽。

参考資料

(1)《工廠及工業經營 (起重機械及起重裝置) 規例》；

(2)《建築地盤 (安全) 規例》第II及第IV部；

(3)《安全使用塔式起重機工作守則》(勞工處)；

(4)《安全使用流動式起重機工作守則》(勞工處)。

13 吊船、建築工地升降機、塔式工作平台及動力控制移動式工作台

13.1 簡介

「載人吊器」及已被禁用的非動力操作工作吊板都不是安全的載人工具。建築工地升降機是專用載人的機械設備。吊船、塔式工作平台和動力控制移動式工作台能提供到達不同高度的動力操作工作台。

13.2 吊船

▶ 13.2.1 危害辨認

(1) 人體從吊船墮下。

(2) 觸電。

(3) 遭從吊船墮下的工具貨物撞擊。

(4) 火警燒傷。

▶ 13.2.2 危害評估

評估危害時，可以考慮以下的因素以方便估計可發生意外的嚴重程度和可能性：

(1) 吊船超載、吊船翻側、纜索折斷、繫定點不穩、護欄不當、操作出現人為的錯誤，引致人體墮下的傷亡事故。

(2) 電器設備不安全，造成觸電危險。

(3) 工人吸煙，點燃吊船的易燃物品而燒傷。

(4) 天氣狀況。

▶ 13.2.3 危害控制

(1) 吊船用來載人之前，經過重大維修、重新架設、調校及改變船的錨定或

支持，失靈或倒塌後，必須經由合資格檢驗員進行負荷測試及徹底檢驗。隨後每星期須由合資格的人士來檢查並填寫認可表格，述明該吊船處於何種安全狀態。並將表格發給吊船擁有人，才可使用。

■ 吊船工作平台

(2) 在吊船上註明安全負重及可載人數，並提醒每名工人須配戴安全帶及獨立救生繩。

(3) 安全帶扣緊繫於獨立救生繩上。

(4) 電纜裝置應用低壓電。

(5) 吊船上不可放置易燃物品及禁止吸煙。

(6) 須按法例規定裝設圍欄。

(7) 繫定點須穩固。

(8) 要經常檢查吊船的安全保險設備，以確保安全操作。

(9) 吊船要有圍欄及踢腳板。要求：圍欄高900-1150毫米，踢腳板高200毫米。

(10) 要由受過訓練的工人操作吊船。

▶ **13.2.4** 個人防護設備

(1) 安全帽及安全鞋。

(2) 吊船內的工人須配戴安全帶及獨立救生繩。

▸13.3.1 危害辨認

(1) 人體從高處墮下。

(2) 觸電。

(3) 遭墮下的工具貨物撞擊。

▸13.3.2 危害評估

評估危害時，可以考慮以下的因素以方便估計可發生意外的嚴重程度和可能性：

(1) 工人或物料從工作平台跌下或掉下。

(2) 升降機吊籠或工作平台超載。

(3) 吊籠或工作平台的裝置發生故障。

(4) 工人接觸電器裝置的帶電導體，引致觸電。

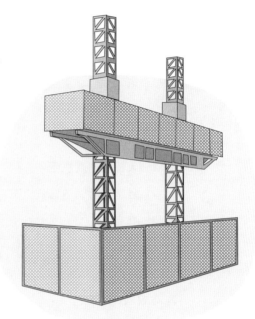

■ 塔式工作平台

▸13.3.3 危害控制

(1) 升降機或塔式工作平台的安裝、投入運作、測試、保養、修理或拆卸有關的任何工程，須按規例規定由合資格的註冊檢驗員及合資格人員進行。

(2) 升降機工作平台只可由合資格的操作員負責操作。

(3) 升降機吊籠或工作平台須標明安全載重額及可載人數。

(4) 升降機吊籠或工作台的閘門須常保持關閉，只有到達有人上落的層站才可開啟。

(5) 電器必須由合資格的人裝置。

(6) 乘客必須遵照升降機合資格操作員的指示。

(7) 升降機吊籠或工作台必須裝置合適的護欄及踢腳板。

13.4 動力控制移動式工作台

動力控制移動式工作台的設備很多，由小型的自我操作移動塔式工作台到安裝在大型車輛上的液壓操作式工作台都屬動力控制移動式工作台。

▶ 13.4.1 危害辨認

(1) 人體從高處墮下。

(2) 受困於翻側的機械之下。

(3) 觸電。

(4) 遭墮下的工具貨物撞擊。

▶ 13.4.2 危害評估

評估危害時，可以考慮以下的因素以方便估計可發生意外的嚴重程度和可能性：

■ 升降機式工作平台

(1) 由未經訓練的人安裝及操作。

(2) 腳撐未伸盡，承托點不堅固及地面不牢。

(3) 為方便工作，把圍欄拆去。

(4) 保養不善，維修不足，機件失靈。

(5) 開工前，沒有檢驗機件是否安全便進行操作。

(6) 機械移動時，有人還在工作台上。

(7) 只有工作平台上有緊急剎停裝置。若發生意外，其他人不能在下面控制。

(8) 超重。

▶ 13.4.3 危害控制

(1) 操作平台的人員，必須經過訓練。

(2) 腳撐必須伸盡及鎖緊在平穩的地面上。

(3) 工作台必須安裝圍欄，不可隨便移走。

(4) 應有妥善的保養和足夠的維修。

(5) 開工前，必須檢查機件，確保操作安全才可使用。

(6) 機械移動時，任何人不能停留在工作台上。

(7) 除在工作台上設緊急裝置外，下面亦應裝設，並有人看守，發生事故時可以援助。

(8) 標明最高可載重量，不可超重。

參考資料

(1)《工廠及工業經營 (吊船) 規例》；

(2)《安全使用和操作吊船工作守則》(勞工處)；

(3)《建築工地升降機及塔式工作平台 (安全) 條例》。

14 在壓縮空氣中工作

14.1 簡介

有一些工作，因環境上需要在壓縮空氣中進行，故此工作人員便要在大過一個大氣壓力的情況下作業。而在高氣壓中工作，通常要面對患上職業病的危機，亦會遇到容易發生火警的危險。所以工作人員對減壓程序和車間防火都必須特別小心留意。

14.2 危害辨認

(1) 泥土傾瀉受傷。

(2) 遇溺。

(3) 火警及爆炸。

(4) 職業病(佝僂症)。

14.3 危害評估

評估危害時，可以考慮以下的因素以方便估計可發生意外的嚴重程度和可能性：

(1) 隧道內泥土崩塌。

(2) 地下水淹進隧道。

(3) 充電工序產生的易燃氫氣。

(4) 焊接切割工序產生的熱源。

(5) 減壓程序過急。

(6) 工人身體質素未能合乎要求。

(7) 工作地點的溫度和濕度持續高企。

14.4 危害控制

(1) 一般要求

(a) 每一隧道都必須堅固，用有足夠力度的良好材料支撐；

(b) 每一隧道都必須要有一條合適的通道，以方便工作人員安全地進入工作地點，或者當有溺水情況發生時，能盡快離開隧道；

(c) 挖掘及建築隧道都必須在有合資格人士督導下進行；

(d) 合資格人士應定時對隧道的情況進行檢查，只可在有合資格人士督導和帶領下，才可以在壓縮空氣中進行工作；

(e) 如果不是在有經驗人員的指導和監督下，並已被提供有關在壓縮空氣中工作的預防安全守則(《工廠及工業經營 (在壓縮空氣中工作) 規例》八號表格)，任何人都不被准許在壓縮空氣中工作；

(f) 任何如需要僱用人員進入壓縮空氣中工作的工程，必須同時僱用已受訓的急救員，並長駐於工地內；

(g) 任何僱員在超過一個大氣壓力的壓縮空氣中工作時，僱主必須以《工廠及工業經營 (在壓縮空氣中工作) 規例》七號表格通知勞工處；

(h) 當任何人士被僱用在超過一個大氣壓力的壓縮空氣中工作時，僱主必須通知工地就近醫院有關該氣壓工作間的正確位置；

(i) 任何一位受僱於氣壓工作的人士，都必須獲發每人一個資料牌並隨身攜帶；該資料牌須要寫上該公司的醫療減壓室的正確位置，以便該工作人員在病發時能快速地被送回該醫療室；

(j) 必須提供足夠的衣櫃、毛巾及沐浴設施等給在壓縮空氣中工作的人員；

(k) 如在增壓過程中，有任何人員感到不適，都應立即停止對其加壓並緩慢地將氣壓降低；

(l) 在工作間的每一處都必須提供一個濕球式溫度計；

(m) 當濕球式溫度計顯示超過27℃度時，則不得讓任何人在此氣壓間工作，除非已得到勞工處處長的批准。

(2) 工人體質

    (a) 所有人員只可在合資格人士作出檢查並確定安全後，才可進入隧道工作；

    (b) 只有在一切環境都已符合有關法例和守則的要求下，才可在壓縮空氣中進行工作；

    (c) 僱主只可僱用18歲以上並已通過醫療檢查的人士；

    (d) 每一班次的記錄，都必須詳細列明每一名工作人員在氣壓工作間內需逗留多久，以及他們的減壓時間長度；

    (e) 每一名新的工作人員，其驗身報告必須在他被僱用的前三天發出；

    (f) 所有連續在低於一個大氣壓的施工氣壓下工作的工作人員，必須每三個月驗身一次；

    (g) 任何身體不適而離開氣壓工作超過連續三天或以上的工作人員，在再次進入氣壓工作間前，必須進行驗身。

(3) 增／減壓室

    (a) 任何沒有在壓縮空氣中工作經驗的人士，必須在一位合適人員陪同下，才可進入增壓室加壓；

    (b) 如在增壓過程中，有任何人員感到不適，都應立即停止對其加壓並緩慢地將氣壓降低；

    (c) 當有人在氣壓間內工作時，如果增／減壓室沒有被佔用，氣壓間與增／減壓室之間的門必須保持常開。

(4) 醫療減壓室

    (a) 當氣壓間的氣壓超過一個大氣壓力時，在工地上必須長期設立一個獨立給予氣壓工作人員作醫療處理的減壓室；

    (b) 該醫療減壓室必須是雙隔間設計，以便在醫療室加壓後，仍可容許人員進入；

    (c) 該醫療減壓室，必須是由一名合資格人士主管。

(5) 火警控制

    (a) 在壓縮空氣下，因氧氣濃度的增加，任何物質都特別容易燃燒。因此，必須嚴格遵守有關在氣壓間內適用的防火措施；

    (b) 所有在氣壓間內使用的木材，最好是已經經過防火處理的；

    (c) 在氣壓間內，盡量避免使用和穿着含有尼龍質的物料；

    (d) 盡量避免在氣壓間內進行電池充電，如必須充電，則應保持充電的地方空氣流通；

    (e) 必須經常檢查及確定有油壓系統的設備沒有漏油情況發生，最好能在該系統上使用高抗火性油類；

    (f) 必須提防任何貯油式變壓器被其他機械碰撞，而引致漏油，造成火警；

    (g) 在氣壓間內有明火是非常危險的。所以在氣壓間內不應進行任何燒焊作業。如有必要進行燒焊，則必須安排一名防火糾察員在現場，隨時撲滅任何火警；

    (h) 所有在氣壓間工作的人員，都必須接受適當的防火及滅火訓練，並定時進行走火演習。

14.5 個人防護設備

(1) 地盤內須配戴安全帽及安全鞋。

參考資料

    (1) 《建築地盤 (安全) 規例》；

    (2) 《工廠及工業經營 (在壓縮空氣中工作) 規例》；

    (3) 《工廠及工業經營 (密閉空間) 規例》。

15 搬運泥土機

15.1 簡介

　　近年來，建築地盤因使用搬運泥土機而造成嚴重意外的情況激增。引起這些意外原因大都是因為：地盤沒有為操作搬運泥土機制定安全工作制度，選用不適合的設備，操作員不合資格及沒有接受適當的訓練，搬運泥土機保養欠佳，以及沒有遵從必要的安全措施等。搬運泥土機一般包括：推土機、壓土機、挖掘機、平土機、鏟運機、搬運泥土機、傾卸車等。

■ 傾卸車

15.2 危害辨認

(1) 遭移動中的機械撞倒。

(2) 與其他機械碰撞。

(3) 受困於翻側的機械下。

(4) 給翻倒的泥土壓傷。

(5) 人體從機械墮下。

15.3 危害評估

評估危害時，可以考慮以下的因素以估計可發生意外的嚴重程度和可能性：

(1) 被移動機械碰撞。

(2) 機械在靜止時被誤入排擋。

(3) 落斜坡時失控。

(4) 停泊在斜坡時溜走。

(5) 機械失去平衡。

(6) 上落機械時，工人從高處墮下。

(7) 操作員意外地觸及操控。

(8) 維修工作時，受困於機械部分之間。

15.4 危害控制

▶ 15.4.1 安全操作機械

(1) 推土機

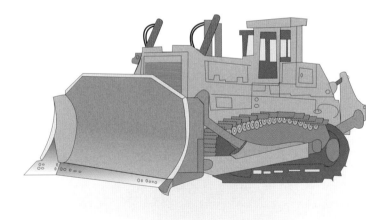

■ 推土機

(a) 推土機在堅硬土壤和多石土壤地帶，應先翻鬆地面；

(b) 不得用推土機推石灰、煙灰等粉塵物料，以及不得用作碾碎石塊的工作；

(c) 牽引其他機械設備時，必須有專人負責指揮，鋼索的連接必須牢固；

(d) 工作開始前應該重點檢查：

- 各系統管路應無裂紋和滲漏；
- 各部位螺絲栓聯結並應緊固；
- 各操縱桿和制動踏板的行程、履帶的鬆緊度、輪胎的氣壓等均應符合要求；
- 絞盤、液壓缸等位置應無污泥。

(e) 推土機行駛前，嚴禁人站在履帶或刀片的支架上。機械四周應無障礙物，確認安全後方可開動；

(f) 運行中不得將腳擱在制動踏板上，變速應在停機狀態下進行；

(g) 在石子和粘土路面高速行駛和上落斜坡時，不得急轉彎。需要原地旋轉和急轉彎時，應用低速進行；

(h) 越過障礙物時，必須低速行駛，不得採用斜行或脫開一側轉向離合器超越；

(i) 在淺水地帶行駛和作業時，必須查明水深，應以冷卻風扇葉不接觸水面為限。下水前和出水後，均應對行走裝置加注潤滑脂。

(j) 推土機上落斜坡應用低速行駛，上斜坡不得換檔，下斜坡不得空檔滑行，上落斜坡度不得超過35度。橫向行駛的坡度不得超過10度。如需在陡坡上推土時，應先進行挖填，使機身保持穩定，方可作業。

(k) 在上斜坡途中或在坡度上作業時，如內燃機突然熄火，應立即放下刀片，鎖住自動踏板，並用三角木將履帶楔好，分離主離合器，方可重新啟動；

(l) 填溝作業中，駛近邊坡時，刀片不得越出邊緣。後退時應先換檔，方可提升刀片進行倒車；

(m) 在深溝、基坑或陡坡地區作業時，必須有專人指揮，其垂直邊坡高度一般不超過2米；

(n) 推圍牆或房間牆面時，其高度一般不超過2.5米。嚴禁推帶有鋼筋或與地基基礎連接的混凝土樁等建築物；

(o) 推樹桿應注意樹桿倒向和高空架設物；

(p) 同一地區，有兩台以上推土機作業時，前後相距應超過8米，左右相距超過1.5米；

(q) 推土機不宜作長距離行駛（一般不超過1.5公里）；如長距離轉移工作地點時，要用平板車裝運，運輸時刀片應降下放穩，並採取必要的制動及安全措施，機身也要捆綁固定在平板車上；

(r) 進行保養、檢查或加油時，必須停止發動機，放下刀片，禁止刀片懸空時將頭、手伸入刀片下檢查察看；

(s) 停機時，應先分離離合器，落下刀片，鎖住自動踏板，將主離合器操縱杆、變速杆置於空檔，然後關閉內燃機，應將變速桿推低速檔，接合主離合器。並將輪胎或履帶楔住；

(t) 工作後，應將推土機開到平坦安全之處停泊，落下刀片，關閉內燃機，鎖好門窗。

(2) 鏟運機

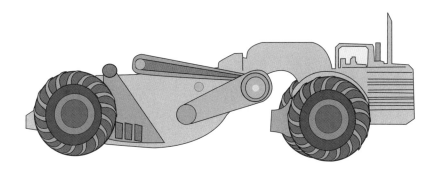

■ 鏟運機

(a) 作業前，應按使用說明書的要求，對各有關部位進行檢查，確認正常後方可啟動；

(b) 作業時，除駕駛人員外，嚴禁任何人滯留機上。內燃機未適當關閉時，駕駛員不得離開機械。

(c) 鏟運機在四級以上硬度的土壤作業時，應先翻鬆，並清除障礙物；

(d) 兩台鏟運機同時作業時，拖式鏟運機前後距離不得少於10米，自行式鏟運機不得少於20米。平行作業時，兩機間隔不得少於2米。

(e) 鏟運機上落斜坡道時，應先低速行駛，不得途中換檔，下坡時嚴禁脫檔滑行，行駛的橫向坡度不得超過6度，坡寬應大於機身2米以上，在新填築的土堤上作業時，離邊緣不得少於1米；

(f) 需要在斜坡橫向作業時，需先挖填，使機身保持穩定，作業中不得倒退；

(g) 在不平場地上行駛及轉彎時，嚴禁將鏟運斗提升到最高位置；

(h) 在坡道上不得進行維修作業，在陡坡上嚴禁轉彎，倒車和停車。在坡上熄火時應將鏟斗落地，制動後，再行啟動；

(i) 夜間作業時，前後照明應齊全完好。自行式鏟運機的大燈應照出30米遠，如遇對方來車時，應在百米以外將大燈光改為小燈光，並低速靠邊行駛；

(j) 拖拉陷車時，應有專人指揮，前後操作人員應協調，確認安全後方可起步；

(k) 非作業行駛時，鏟斗必須用鎮鏈條掛牢在運輸機適當位置上。機上任何部位均不得載人或裝載易燃易爆等物品；

(l) 修理鏟斗或在鏟斗下檢修作業時，必須把鏟斗升起後用銷子或鎮緊鏈條固定，再用墊木將斗身頂住，並制動住輪胎。禁止在懸空的和未穩定的鏟斗下進行作業或觀察；

(m) 作業後，應將鏟運機停放在平坦地面，並將鏟運機落到地面上。液壓操作應將液壓缸縮回，將操縱桿放在中間位置。

(3) 搬運泥土機

■ 搬土機

(a) 搬運泥土機不得在傾斜度超過規定的場地工作，作業區內不得有障礙物及無關人員；

(b) 搬運泥土機運送距離不宜太遠，行駛道路應平坦。在石面施工場地作業時，輪式搬運泥土機應在輪胎上加裝保護鏈條或用鋼質鏈板邊輪胎；

(c) 作業前，檢查液壓系統應無滲漏，液壓油箱油量應充足，輪胎汽壓應符合要求，制動器靈敏可靠；

(d) 起步前，應鳴笛示意，將鏟斗提升到離地面0.5米左右。作業時，應使用低速檔。用高速檔行駛時不得進行升降和翻轉鏟斗動作。嚴禁鏟斗載人；

(e) 裝料時，鏟斗應從正面插入物料，防止鏟斗單邊受力；

(f) 鏟臂向上或向下動作到最大限度時，應速將操縱桿回到空檔位置，防止在安全閥作用下發出噪音和引起故障；

(g) 運轉中，如發現異常情況，應立即停車檢查，待故障排除後，方可繼續作業；

(h) 作業後，應將搬運泥土機平放在地面上，將操縱桿放在空檔位置，拉緊制動器。

(4) 挖掘機

■ 挖掘機

(a) 作業前，應按使用說明書的要求，對各有關部位進行檢查，確認正常後，方可啟動；

(b) 嚴禁挖掘未爆破的5級以上硬度的岩石或凍土；

(c) 單土挖掘機反鏟作業時，履帶前緣距工作面邊緣應至少保持1-1.5米的安全距離；

(d) 作業時，挖掘機應處於水平位置，使行走機構處於制動狀態，楔緊履帶或輪胎(使用腳)；

(e) 作業區內不得有無關人員和障礙物，挖掘前先鳴笛示意；

(f) 不得用鏟斗破碎石塊；

(g) 挖掘機滿載時，禁止急轉急煞，提斗不得過猛撞出滑輪，以免挖斗卷揚軸彎折或機身傾覆，落斗不得過猛撞出履帶和其他機件；

(h) 挖掘懸崖時應採取防護措施。工作面不得留有凌空伸出及鬆動的大塊石，如發現有傾塌危險應立即處理或將挖掘機撤離至安全地帶；

(i) 當鏟斗未離開工作面時，不得做回轉，行走等動作；

(j) 往泥車上卸土時，應等泥車停穩後方可向車廂回轉卸下，鏟斗不得

從駕駛室頂越過，在泥車未停穩或鏟斗必須越過駕駛室而司機未離開前不得裝車；

(k) 作業時或行走時，嚴禁靠近架空輸電線路，挖掘機與架空輸電線路的安全距離應符合有關的要求；

(l) 操作人員離開駕駛室時，不論時間長短，必須將鏟斗落地；

(m) 行走時，主動輪應在後面，臂桿與履帶平行，鏟斗離地面1米左右，上落斜坡時不得超過機允許最大坡度，下斜坡用慢速行駛，嚴禁在斜坡上變速和空檔；

(n) 挖掘機最大自行距離不宜超過1公里，如長距離轉移必須用平板車載運。上落平板拖車時，跳板的坡度不得大於15度。上車後應將所有制動器制動住，並用三角木將履帶輪胎楔緊。

(5) 壓實機

■ 壓實機

(a) 作業前，檢查各系統管路及接頭部分應無裂紋、鬆動和洩漏現象，滾輪的刮泥板應平整良好，各緊固螺絲無鬆動，確認正常後，方可啟動；

(b) 開動前，機械周圍應無障礙物和人員；

(c) 在運行中，不得進行修理或加油，需要在機械底部進行修理時，應將內燃機熄火，用制動器制動住機械並楔住滾輪；

(d) 變換壓實機前進或後退方向，應待滾輪停止後進行，嚴禁利用換向離合器做制動用；

(e) 在新築道路上碾壓時，應從中間向兩側碾壓，距路基邊緣不少於0.5米。上斜坡時變速應在制動後進行，下坡時嚴禁脫檔滑行。

(f) 碾壓傍山道路時，必須由內側向外側碾壓，碾壓第二行時，必須重疊半個滾輪壓痕；

(g) 兩台以上同時作業時，前後距離不得少於3米，在斜坡上不得以縱隊行駛；

(h) 如需要增加機重時，可在滾輪內加黃沙和水，氣溫降至攝氏零度時，不得用水增重；

(i) 輪胎壓實機作業前，檢查輪胎氣壓應符合要求，避免在大塊石基礎層上作業；

(j) 壓實機轉移工地距離較遠時，應用平板拖車裝運，不得用其他車輛拖拉牽運；

(k) 作業後，應將壓實機停放在平坦堅實的地方，並制動住。不得停放在土路邊緣及斜坡上，也不得停放在妨礙交通的地方。

(6) 平土機

■ 平土機

(a) 作業時，必須在整部機起步後，方准落下推刀或齒耙切土，否則會造成起步困難，甚至損壞機件；

(b) 推刀回轉或鏟土角的調整，必須在停機後進行，推刀升降可在作業中進行；

(c) 作各種鏟刮作業時，必須低速行駛；

(d) 在橫坡上行駛時，前輪應向上坡方向側傾，可減少側滑，改善前軸受力狀況，同時有利轉向、掉頭；

(e) 在彎道上作業時，前後輪可配合轉向。彎道行駛時，應沿路的外緣行駛；

(f) 運輸行駛時，要先將推刀與齒耙升到最高位置，推刀轉到最小刮土角，推刀不准伸出機外；

(g) 高速行駛時，不得停機換檔；上斜坡換檔或由高速檔換成低速檔時，必須停機；

(h) 下斜坡時禁止放空檔滑行。

▶ 15.4.2 操作及指揮人員

(1) 所有操作人員及指揮人員都必須為18歲以上。

(2) 操作及指揮人員均必須接受適當訓練。

15.5 個人防護設備

(1) 穿戴安全帽及安全鞋。

(2) 如有需要，操作及指揮人員都要穿上反光衣及配備通訊器材。

參考資料

(1)《建築地盤(安全)規例》；

(2)《工廠及工業經營(起重機械及起重裝置)規例》；

(3)《工廠及工業經營(負荷物移動機械)規例》。

16 道路工程

16.1 簡介

　　所有道路工程都會給人造成不便，有些還可能會危及道路使用者，包括進行工程的人員。因此，道路工程承建商的負責人有責任確保要把這些影響減輕或降至最低程度，以及確保工程有適當的防護，照明及標誌。如果道路工程上有障礙物，則需要提供清楚預先警告，這一點也是不容忽視的。再者，為了本身的安全起見，應讓駕駛人士容易看見所有在行車道或其附近的工作人員。有鑑於他們在極易發生意外的環境下工作，所以必須經常穿着能見度高，並有反光條紋或斑紋的外套或背心。

16.2 危害辨認

　　(1) 觸電、火警或爆炸受傷。
　　(2) 工人墮下洞口。

■ 路上設有足夠交通標誌

(3) 被移動或擺動的機械撞擊。

(4) 遭移動中的車輛撞倒。

(5) 中暑。

(6) 有毒氣體。

(7) 有害物質。

(8) 粉塵。

(9) 噪音。

(10) 灼傷。

16.3 危害評估

評估危害時，可以考慮以下的因素以方便估計可發生意外的嚴重程度和可能性：

(1) 地下設施的性質及位置。

(2) 加添燃料的地點與火種的距離。

(3) 燃料的儲存量。

(4) 工人和車輛及機械的分隔。

(5) 路上的照明交通標誌。

(6) 防曬措施。

(7) 物料的化學性質及危害程度。

(8) 機械設備的維修及保養。

16.4 危害控制

(1) 工作安全地帶

　　(a) 任何工作，如要在馬路上或其鄰近展開，必須安排適當交通標誌或擺設工程車輛用作保護，並劃出工作安全地帶；

　　(b) 在工作安全地帶之前端，亦須設定出緩衝區用以預先給予駕車人士有足夠時間作出反應和減低車速。

(2) 裝置

   (a) 合適的圍欄及路障能防止行人誤闖工地，將工地與公眾行車道明確分隔，給予駕車人士清楚的警告，預防公眾車輛駛進工地；

   (b) 地洞口須加以覆蓋，並設置警告牌。

(3) 照明

   (a) 所有工地及行人通道必須有足夠照明；

   (b) 所有圍欄或交通指示牌必須有足夠照明，讓駕車人士能看見該標誌。

(4) 機械設備

   (a) 所有在道路工程上使用的機械設備，必須由合資格操作人員操作；

   (b) 該等機械設備的擁有人必須定時檢查維修機械，確保它們的性能是良好及安全；

   (c) 如法例有所要求及規定，物主亦需要安排有關合資格人士對機械進行測試；

   (d) 所有機械都不准乘載任何乘客。

(5) 工具

   (a) 所有工具都要妥善地安放；

   (b) 工具使用人士必須要懂得如何運用該工具，有需要時要提供合適訓練給予該等人員。

(6) 燃料

   (a) 如要在工地上為機械設備加添燃料。如油渣，電油等，在加油處或其鄰近不可有明火；

   (b) 在加油處安放合適的滅火筒；

   (c) 不得過量貯存燃料；

   (d) 在燃料貯存的地方要有合適設計用以防止燃料漏出路面。

(7) 鎖定公共設施位置

   (a) 如工程上需要打穿路面或挖掘，事先一定要找出地下公共設施的正確位置，並在路面上作出記號，尤其是電纜及煤氣管；

(b) 如環境許可，可先開一些探洞察看情況後，才開始挖掘。

(8) 個人衛生及健康

(a) 在工地安置適量的流動洗手間；

(b) 教育工人在工作完畢及進餐前必須洗手；

(c) 工作衣服必須定時清洗，以保清潔；

(d) 如在酷熱天氣下，在露天工作，必須注意飲用足夠清水，以防中暑。

16.5 個人防護設備

在有需要時，必須穿着適當的個人保護衣物如：

(a) 安全帽；

(b) 安全鞋；

(c) 反光衣；

(d) 耳塞；

(e) 手套；

(f) 口罩；

(g) 安全眼鏡。

參考資料

(1)《土地 (雜項條文) 條例》；

(2)《道路交通條例》；

(3)《道路交通 (快速公路) 規例》；

(4)《工廠及工業經營條例》；

(5)《建築地盤 (安全) 規例》。

17 槍彈推動打釘工具的使用

17.1 簡介

　　槍彈推動打釘工具（俗稱石屎鎗），在很多行業如建築、裝修業及機器安裝業等都適用。石屎鎗在使用時是有很多限制的，如沒有適當之安全措施，會對操作員及在現場附近的其他人士造成不必要的危險。

17.2 危害辨認

(1) 釘因反彈飛射。

(2) 釘射穿過薄或脆弱之物料。

(3) 碎片及碎塊反射。

(4) 噪音。

(5) 火警或爆炸。

(6) 煙塵。

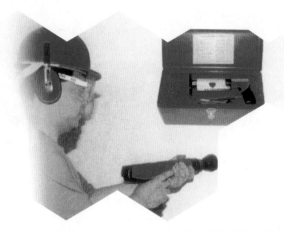

■ 使用打釘工具時，為防止碎片及碎塊反射須戴上護眼罩

17.3 危害評估

評估危害時，可以考慮以下的因素以方便估計可發生意外的嚴重程度和可能性：

(1) 錯誤選擇槍彈或釘子。

(2) 錯誤選擇施工點。

(3) 防護用具不足。

(4) 工作環境產生共鳴。

(5) 工作地方同時進行使用易燃品工序。

17.4 危害控制

(1) 使用勞工處認可的槍彈推動打釘工具。

(2) 操作方法

    (a) 發射管末端裝有碎片防護罩，而該罩並與管軸成一直角。如屬直接推動工具，碎片護罩的外邊至發射管軸心之間的距離最少為50毫米；

    (b) 碎片防護罩及發射管，須與施工面緊密接觸，並須安全壓着施工面；

    (c) 把受超過5公斤之壓力的發射管與碎片防護罩向施工面壓下；

    (d) 如是直接推動工具，其發射管之軸線與施工面之垂直線之間角度應少於7度。

(3) 釘之選擇

    (a) 使用符合製造商指定適用於該牌子石屎鎗的釘；

    (b) 釘之大小，包括罩套或套環，必須符合工具發射管的口徑。

(4) 選用製造商指定適用於該打釘工具之槍彈。

(5) 工具之標籤須包括下列三項：

    (a) 製造商名稱或商標；

    (b) 工具種類或類型；

    (c) 工具編號。

(6) 工具及配件之貯存方法

    (a) 每件工具、槍彈、釘及其配件均貯存於可以上鎖之堅固工具箱內，並放於適當地方；

    (b) 石屎鎗應在使用時才裝上槍彈；

    (c) 工具箱內須存放如何保養及操作該工具之指南。

(7) 操作員須年滿18歲及持有勞工處處長認可之合格證書。

(8) 工作場地須提供穩定及堅固之站立地點及有充足之照明。

(9) 不得在含有易燃性氣體或爆炸性塵埃之環境中，使用該工具。

17.5 個人防護設備

(1) 安全帽。

(2) 安全鞋。

(3) 護眼罩。

(4) 護耳罩。

參考資料

    (a)《工廠及工業經營（槍彈推動打釘工具）規例》；

    (b)《工廠及工業經營（保護眼睛）規例》；

    (c)《工廠及工業經營（工作噪音）規例》。

18 裝修工程

18.1 簡介

　　不同工種的裝修工人同時擠在狹小的空間工作，很容易互相影響而產生危險情況。使用的危險工具及危險化學品又多，加上很多工具及設備都屬臨時租用性質，令裝修工程變得高危。

18.2 危害辨認

　　裝修工程潛在不少危害，包括：

(1) 易燃液體蒸氣充斥工作場所而造成爆炸或火警。

(2) 人體從高處墮下。

(3) 工具或物料從高處墮下。

(4) 遭手工具、手提電工具或木工機器割傷。

(5) 危險化學品。

(6) 觸電。

(7) 扭傷。

(8) 噪音。

18.3 危害評估

　　評估危害時，可以考慮以下的因素以方便估計可發生意外的嚴重程度和可能性：

(1) 空氣不流通造成易燃液體蒸氣積聚。

(2) 易燃液體接近熱源或火源。

(3) 沒有架設合適的工作台，人體或物件從高處墮下。

(4) 「狗臂架」懸掛式棚架因大廈外牆的基座物料不足承托而坍塌，令工人從高處墮下。

(5) 欠缺穩固的繫穩點供安全吊帶扣上。

(6) 機器狀況欠佳或欠缺護罩，令危險部份外露。

(7) 臨時電力設施缺乏漏電斷路裝置，或將電線直接駁上插座而不使用插頭。

(8) 電動工具沒有接上地線或缺乏雙重絕緣。

(9) 工作場所佈置欠佳，被迫採用不正當的搬運姿勢。

18.4 危害控制

(1) 一般安全措施

訂立安全施工方案，協調各工種工作的編排，並改善佈置，以減少相互影響而產生的危害。

(2) 防火安全

(a) 使用易燃液體時，不可吸煙或進行燒焊，並保持空氣流通；

(b) 不可貯存過量的易燃液體。

(3) 高空工作

(a) 架設合適的工作台；

(b) 將安全吊帶扣在穩固的繫穩點或獨立救生繩上；

(c) 「狗臂架」必須穩固地繫在外牆結構混凝土中。

(4) 使用機器／工具

(a) 機器／工具須定期保養，確保最佳狀況；

(b) 機器／工具只可由受過有關訓練的工作人員使用。

(5) 電力安全

(a) 臨時電力設施須接上漏電斷路裝置，並使用插頭接駁電源；

(b) 電動工具須接上地線（「雙重絕緣」工具除外）。

18.5 個人防護設備

(1) 所有在工地內之人士須配戴安全帽及安全鞋。

(2) 按需要，高空工作的工人應配戴安全帶和救生繩。

(3) 按需要,穿戴合適化學品的防護設備。

(4) 使用石屎槍時,必須配戴合適的聽覺保護器及護眼罩。

(5) 燒焊時,必須配戴合適的護眼罩及保護衣履。

■ 簷篷維修工人採用安全帶及平行救生繩

參考資料

(1)《裝修工程安全指引》(勞工處)。

19 升降機及自動梯工程

19.1 簡介

在高樓林立的都市裏，樓宇內的人流及貨物運送都依賴升降機及自動梯的運作。這等升降機和自動機不時需要進行安裝、調試、改裝、檢驗、檢查、測試、保養、修理及拆卸等工程。這類工程有其獨特的工作危害，如果安全措施未有做足，可以發生如嘉利大廈火災的意外，造成沉重的人命及財產的損失。

19.2 危害辨認

(1) 人體從高處墮下。

(2) 遭墮下的物件撞擊。

(3) 受困於升降機機廂和建築物之間。

(4) 受困於開動中有空隙或洞口的自動梯。

(5) 觸及開動中的機器、滑輪或鋼纜。

(6) 被移動的升降機機廂、對重裝置等碰撞。

(7) 火警燒傷。

(8) 在鋼纜澆注工作中，被蒸氣、加熱器或熱的配件灼傷。

(9) 在鋼纜澆注工作中，吸入有害煙氣。

(10) 觸電。

19.3 危害評估

評估危害時，可以考慮以下的因素以方便估計可發生意外的嚴重程度和可能性：

(1) 工人在升降機機廂頂，隨着急降的機廂，升降機樓層入口，棚架等地方墮下。

(2) 遭墮下升降機槽的工具或配件撞擊。

(3) 在升降機機廂頂，在樓層爬上機廂頂之際或在升降機槽底，受困於突然

開動的升降機。

(4) 一個或多個梯級已經拆除的自動梯突然開動。

(5) 在狹窄的升降機機房及滑輪房內，觸及未有加以有效防護的機器危險部份。

(6) 設有停機裝置、對重裝置屏障。

(7) 電弧及氣體焊接引發火警。

(8) 進行鋼纜澆注工作，沒有配戴個人防護裝備。

(9) 通風不良。

(10) 在狹窄的環境，觸及帶電部份。

19.4 危害控制

(1) 防止人體從高處墮下

    (a) 假若工人可由升降機與升降機槽圍牆之間的空隙墮下，機廂頂上須裝上900至1150毫米高的護欄；

    (b) 機廂裝設安全鉗或液壓安全閥，防止機廂突然下墜；

    (c) 在升降機樓層入口裝設有中欄及不少於200毫米踢腳板的護欄，高度在900至1150毫米之間；

    (d) 棚架在使用前14天內，由合資格人士檢查及簽署《建築地盤(安全)規例》第五號表格；

    (e) 在機槽內工作，如不能站在工作台或其他穩固的地方，便須採用安全帶或鋪設安全網。全身式安全吊帶的懸掛繩應繫在穩固點上或配合一條獨立救生繩及防墮制動器使用。

(2) 防止物件墮下

    (a) 手工具應放在工具箱或工具袋裏攜帶；

    (b) 假若使用手工具時，出現工具墮下的高風險，應用繩子將手工具綁繫，繩子另一端繫於腰間或手腕上；

    (c) 不宜一次更換升降機的所有舊主吊纜，至少要留下一些舊吊纜，以便在緊急情況下吊着升降機機廂；

(d) 盡量縮小機房地台及地板的洞口，並設置突出地板50毫米以上的套圈；

(e) 任何拆卸用的設備必須在受控情況下放入槽中。

(3) 防止被開動中的升降機機廂困着

　(a) 應確定升降機在最低行程時，機廂以下的機槽底，和升降機在最高行程時機廂頂，是否留有完全空間；

　(b) 應確保升降機機廂頂的控制台，尤其是緊急停機掣及手動控制模式掣效能良好；

　(c) 升降機停在樓層間時，機廂頂上的停機裝置，應於樓層門檻的1米範圍內，工人可從樓層操作該裝置；

　(d) 在工人由機層爬上機廂頂之前，應截斷正常升降機控制電路。

(4) 防止受困於自動梯空隙

　假若自動梯因部份梯級已經拆除而形成空隙，切勿開動自動梯。若必要開動，工人必須乘在空隙的後面，以手控模式操作，最好使用遙遠控制。

(5) 機器的防護

　(a) 機器的危險部份及整個升降機裝置均應裝上有效護罩；

　(b) 在檢查、清潔、上油或潤滑鋼纜及活動組件之前，必須關停並鎖閉升降機；

　(c) 在升降機廂上，應站在任何活動纜索、滑輪或其他活動物體的活動範圍以外。

(6) 對升降槽中的工人保護

　(a) 同時在同一升降機槽中，工人的數目愈少愈好；

　(b) 工人在工程進行期間應使用有效的通訊設備；

　(c) 在共同升降機槽中，盡可能在相鄰升降機之間設置適當高度的隔板；

　(d) 在升降機槽底設置適當高度的對重裝置屏障。

(7) 防止火警

　(a) 開始電弧／氣體焊接或火焰切割前，打掃地板，移走易燃物品及可

燃物料，或蓋上防火物料，清理升降機槽底的垃圾；

(b) 採用有效的方法，例如以抗火物料隔離，以避免熾熱的火花、熔渣或金屬溶滴穿過牆壁或地板孔洞，跌落管槽；

(c) 妥善收集及棄置焊接的殘餘部份；

(d) 棚架必須由非可燃性物料搭建；

(e) 在現有樓宇進行升降機工程，樓層門應留在原位並鎖好，若同一時間拆除多過一樓層的門，須在樓層門口設置有一小時抗火時間的圍板；

(f) 在工作地點附近易於取用的地方，提供合適及足夠滅火筒或滅火沙桶；

(g) 應指派防火糾察員，在焊接工作期間及事後半小時在場當值，以防發生火警。

(8) 在鋼纜澆注工序中的個人防護

(a) 在鋼纜澆注工序中，須配戴適當的防護面罩和手套，以防接觸合金料、樹脂或其他加熱的零件；

(b) 軸承殼或鈎環必須預先加熱，否則若這些零件帶有水份，就會在澆注過程中產生蒸汽，引致合金料爆炸。

(9) 在澆注、焊接或火焰切割工序中的防護

(a) 設置局部抽氣通風，以排除有害或有毒煙氣；

(b) 工人按需要配戴呼吸保護器具。

(10) 在帶電情況下的個人防護

(a) 打開電氣設備機殼進行修理或檢查前，電掣須關掉、鎖上及掛上警告牌；

(b) 如有必要在帶電的設備附近工作時，必須由合資格人士進行，穿上適當的防護衣物，絕緣手套和鞋，站在絕緣膠蓆上工作，更不宜單獨工作；

(c) 在設有電容的電路上工作時，須排除電容所貯存的能量；

(d) 手提電動工具除「雙重絕緣」類型外，須有接地線並作有效接地；

(e) 檢查用的燈必須是「雙重絕緣」或「完全絕緣」類型，並接駁到低壓電源上，燈泡須加上保護罩；

(f) 電弧焊接工作須採取適當防觸電措施，方可進行。

19.5 個人防護設備

(1) 安全帽。

(2) 眼罩，焊接用手提式屏障。

(3) 半面型呼吸器。

(4) 半身式安全吊帶。

(5) 焊接用圍裙。

(6) 安全手套、長手套。

(7) 安全鞋、鞋罩。

參考資料

(1) 《升降機及自動梯工作安全守則》(勞工處)；

(2) 《氣體焊接及火焰切割工作的安全與健康工作守則》(勞工處)；

(3) 《手工電弧焊接工作的安全與健康工作守則》(勞工處)；

(4) 《焊接及切割工作安全須知》(職業安全健康局)。

20 其他常見工序

20.1 紮鐵工序

▶ 20.1.1 簡介

　　「紮鐵工序」包括將鋼筋切割，屈曲成需要的形狀並將其組合紮繫，當中涉及高空工作、吊運及燒焊等危險工序，具有相當的危險性。

▶ 20.1.2 危害辨認

　　「紮鐵工序」的危害包括如下：

(1) 鐵料從高處墮下。

(2) 貨車式起重機翻倒。

(3) 工人遭吊運中鐵料打中。

(4) 絆倒。

(5) 工人遭鐵料回彈擊中。

(6) 遭剪鐵／屈鐵機夾傷。

(7) 觸電。

(8) 人體從高處墮下。

(9) 遭鐵料割傷。

(10) 扭傷。

(11) 火警。

(12) 中暑。

■ 穿上防護手套的紮鐵工人

▶ 20.1.3 危害評估

　　評估危害時，可以考慮以下的因素以方便估計可發生意外的嚴重程度和可能性。

(1) 吊運超荷。

(2) 地面不平或地基不穩，令貨車式起重機翻倒。

(3) 吊重機械太接近其他工人。

(4) 工人太接近屈鐵機。

(5) 燒焊時太接近其他使用易燃液體的工序。

▸ 20.1.4 危害控制

(1) 材料運送

   (a) 所有吊運的設施需經合資格人士檢驗合格方可使用；

   (b) 細小的物料及「洛仔」鐵應用鐵籠運吊；

   (c) 吊運範圍應圍封，防止其他人走近；

   (d) 貨車式起重機的腳撐必須盡伸。

(2) 剪鐵／屈鐵機操作

   (a) 操作員必須已接受有關訓練；

   (b) 剪鐵／屈鐵機2米範圍嚴禁進入；

   (c) 剪鐵／屈鐵機的危險部份須設置護罩；

   (d) 展開盤圓鋼筋時，兩端要卡穩，以防回彈傷人。

(3) 紮鐵

   (a) 於高空紮鐵時，必須使用合適的工作台；

   (b) 紮鐵時須配戴手套以免被割傷。

(4) 焊接

   (a) 焊接工程必須遠離易燃液體；

   (b) 不可使用「木牛」變壓器作電焊工作；

   (c) 電焊時，須戴上絕緣手套。

(5) 體力處理操作。

   (a) 進行人力搬運時，應採用正確的姿勢。

20.2 釘板工序

▸ 20.2.1 簡介

　　釘板工序涉及高空工作，使用風車鋸、電鑽等危險機器，使用木板等可燃物質，這種工序具有相當的危險性。

▸ 20.2.2 危害辨認

　　釘板工序的危害包括如下：

(1) 人體從高處墮下。

(2) 被風車鋸／電鑽等機械所傷。

(3) 木糠積聚引致火警。

(4) 吸入木糠影響健康。

(5) 扭傷。

(6) 噪音。

(7) 刺激性化學品。

▸ 20.2.3 危害評估

　　評估危害時，可以考慮以下的因素以方便估計可產生意外的嚴重程度和可能性：

(1) 工作台的設計架設。

(2) 工作台上堆放物料的情況。

(3) 進行高空工作的區域的圍封情況。

▸ 20.2.4 危害控制

(1) 所有高空工作必須使用合適的工作台。

(2) 工作台不可堆放過量物料。

(3) 於高空工作時，配戴全身式安全帶。

(4) 圍封高空工作的區域。

(5) 風車鋸必須裝有合適的護罩及鋸尾刀，並調至正確位置。

(6) 風車鋸操作員必須接受安全訓練。

(7) 使用推木棍，避免手部接近鋸碟。

(8) 定時清理木糠，避免積聚。

(9) 木工機器操作範圍，不准吸煙。

(10) 架設木糠收集器。

(11) 操作風車鋸時，戴上合適的聽覺保護器。

(12) 工人應接受體力處理操作訓練，並採取正確的搬運姿勢。

(13) 為空氣流通地方的油板模油。

20.3 落石矢工序

▶ 20.3.1 簡介

落石矢工序涉及高空工作，吊運等危險工序具相當危險性。

▶ 20.3.2 危害辨認

落石矢工序的危害包括如下：

(1) 高處墮下。

(2) 被高空墮物所傷。

(3) 滑倒、絆倒、撞傷。

(4) 身體被工具夾傷。

(5) 噪音危害聽覺。

(6) 皮膚刺激。

(7) 扭傷。

(8) 腕管綜合症 (職業病)。

(9) 遭混凝土車撞傷。

(10) 觸電。

(11) 中暑。

▶ 20.3.3 危害評估

評估危害時，可以考慮以下的因素，以方便估計可發生意外的嚴重程度和可能性：

(1) 工作台的設計及架設。

(2) 進行高空工作及吊運的區域的圍封情況。

(3) 吊運所需的通訊設備是否足夠。

(4) 工場整理是否妥當。

(5) 工作時間 (噪音、使用震筆的暴露時間)。

▶ 20.3.4 危害控制

(1) 所有高空工作必須使用合適的工作台。

(2) 於高空工作時，配戴全身式安全帶。

(3) 圍封高空工作及吊運的區域。

(4) 吊運設施不能超荷，並須定期檢驗，合格才可使用。

(5) 工人使用震筆時需配戴聽覺保護器。

(6) 工人接觸石矢時須配戴防護手套及安全水鞋。

(7) 在混凝土車「槽尾」工作的工人應穿上反光衣，並與田螺車司機保持良好溝通。

20.4 泥水工序

▶ 20.4.1 簡介

「泥水工序」包括「砌磚牆」、「牆身批盪」、「盪地台」及「砌瓦仔／紙皮石」等，當中涉及高空工作及使用刺激性物料 (英泥) 等危險工序。

20.4.2 危害辨認

「泥水工序」的危害包括如下：

(1) 高處墮下。

(2) 英泥刺激皮膚、眼睛及呼吸道。

(3) 滑倒、跌倒。

(4) 刜磚及瓦仔時，容易被工具所傷。

(5) 飛射物體傷及眼睛。

(6) 噪音危害聽覺。

(7) 觸電。

(8) 不正確的體力處理操作容易扭傷。

(9) 中暑。

20.4.3 危害評估

評估危害時，可以考慮以下的因素以方便估計可發生意外的嚴重程度和可能性：

(1) 工作台的設計及架設。

(2) 工作台堆放物料的情況。

(3) 工作區的空氣流通情況。

(4) 個人防護設備的使用情況。

(5) 工場整理的情況。

20.4.4 危害控制

(1) 在外牆進行高空工作時，須使用合適的工作台，並架設安全網及斜棚。

(2) 接觸英泥時，須配戴合適的個人防護設備，如防護手套及口罩等。

(3) 刜瓦仔時，須配戴合適的個人防護設備如防護手套及護眼罩等。

(4) 保持良好的工地整理；保持去水暢通，減少積水；保持地面平坦等。

(5) 手提電工具須接上「水線」或雙重絕緣。

(6) 剷瓦仔時，戴上聽覺保護器。

(7) 工作台不可堆放過量物料。

(8) 棚架工作台要定期由合資格人士檢驗，合格才可使用。

20.5 防漏工程

▸20.5.1 簡介

「防漏工程」多涉及天面工作，涉及使用危險化學品及使用噴火鎗等危險工序。

▸20.5.2 危害辨認

「防漏工程」的危害包括如下：

(1) 吸入有毒氣體 (防漏化學品溶劑)。

(2) 接觸可刺激皮膚、眼睛、呼吸道的物料。

(3) 火警／爆炸。

(4) 觸電。

(5) 使用噴火鎗時燒傷。

(6) 扭傷。

(7) 中暑。

▸20.5.3 危害評估

評估危害時，可以考慮以下的因素以方便估計可發生意外的嚴重程度和可能性：

(1) 工作區的空氣流通情況。

(2) 化學品的存放量及存放位置。

(3) 工作區的消防設施。

(4) 石油氣瓶、供氣系統及火鎗的接駁情況。

(5) 工地整理的情況。

▶ 20.5.4 危害控制

(1) 保持空氣流通，防止化學品蒸汽積聚。

(2) 工作區不可吸煙。

(3) 工作區要置有足夠及合適的滅火設施。

(4) 接觸化學品時，配戴合適的個人防護設備。

(5) 石油氣瓶、供氣系統及火鎗須接駁良好，喉管須插入，不可放在地上。

(6) 工人要接受使用火鎗的訓練。

(7) 進行體力處理操作時，須採用正確的姿勢。

(8) 工地保持良好的整理，減少粉塵積聚。

20.6 洗石／洗外牆工序

▶ 20.6.1 簡介

洗石／洗外牆工序涉及高空工作及使用危險化學品等危險工序。

▶ 20.6.2 危害辨認

「洗石／洗外牆工序」的危害包括如下：

(1) 人體從高處墮下。

(2) 遭高空墮物擊傷。

(3) 吸入有害／刺激性化學品。

(4) 異物入眼。

(5) 扭傷。

(6) 中暑。

■ 工人在吊船上洗外牆

▶ 20.6.3 危害評估

評估危害時，可以考慮以下的因素以方便估計可發生意外的嚴重程度和可能性：

(1) 吊船／工作台的設計及架設。

(2) 吊船／工作台堆放物料的情況。

(3) 安全圍網的設計及架設。

(4) 工作區的空氣流通情況。

(5) 天氣對工序的影響。

(6) 工場的整理情況。

▶ 20.6.4 危害控制

(1) 吊船／棚架工作台須有合適的安全進出口及圍欄／踢腳板，並定期由合資格人士檢驗，合格才可使用。

(2) 吊船／工作台不可堆放過量的物料。

(3) 在外牆架設安全圍網，以防物料墮下傷人。

(4) 工作區須保持空氣流通，避免化學氣體積聚。

(5) 接觸化學品時，須配戴合適的個人防護設備如手套及保護衣等。

(6) 使用高壓水鎗時，須配戴護眼裝備。

(7) 在強風、暴雨或雷暴時停止戶外工作。

(8) 保持工場良好整理。

20.7 油漆和噴漆工序

▶ 20.7.1 簡介

「油漆和噴漆工序」涉及使用大量危險化學品及高空工作等危險工序。

▶ 20.7.2 危害辨認

「油漆和噴漆工序」的危害包括如下：

(1) 人體從高處墮下。

(2) 遭高空墮物擊傷。

(3) 吸入有害／刺激性化學品。

(4) 火警。

(5) 扭傷。

(6) 異物入眼。

(7) 中暑。

▶ 20.7.3 危害評估

評估危害時，可以考慮以下的因素以方便估計可發生意外的嚴重程度和可能性：

(1) 吊船／工作台的設計及架設。

(2) 吊船／工作台堆放物料的情況。

(3) 工作區空氣流通的情況。

(4) 工作時間的長短。

(5) 工場整理的情況。

▶ 20.7.4 危害控制

(1) 吊船／棚架工作台須有合適的安全進出口，圍欄及踢腳板，並定期由合資格人士檢驗，合格才可使用。

(2) 吊船／工作台不可堆放過量物料。

(3) 工作區保持空氣流通，避免化學氣體積聚。

(4) 工作區不可吸煙。

(5) 接觸化學品時，配戴合適的個人防護裝備。

(6) 化學品須遠離熱源。

(7) 風泵須定期由合資格人士檢驗，合格才可使用。

(8) 保持工場良好的整理。

20.8 鐵模工序

▶ 20.8.1 簡介

「鐵模工序」涉及高空工作及吊運等危險工序。

▶ 20.8.2 危害辨認

「鐵模工序」的危害包括如下：

(1) 人體從高處墮下。

(2) 遭高空墮物擊傷。

(3) 遭翻倒的鐵模壓傷。

(4) 鐵模在吊運時碰撞到其他物件。

(5) 接觸有害／刺激性化學品。

(6) 扭傷。

(7) 中暑。

▶ 20.8.3 危害評估

評估危害時，可以考慮以下的因素以方便估計可發生意外的嚴重程度和可能性：

(1) 爬梯的安裝及使用。

(2) 鐵模的支撐是否足夠。

(3) 天氣情況。

(4) 工場整理的情況。

▶ 20.8.4 危害控制

(1) 使用穩固爬梯上落鐵模。

(2) 鐵模要有足夠支撐。

(3) 吊具和機械須定期檢驗，合格才可使用。

(4) 保持工場良好的整理。

(5) 應圍封吊運途徑，禁止同時吊運兩件鐵模。

20.9.1 簡介

探土機除會帶來機械性危害外，鑽探錯誤位置／深度可造成嚴重意外。因此，工程進行前，必須要小心策劃。

20.9.2 危害辨認

「探土工程」的危害包括如下：

(1) 探土機翻側。

(2) 噪音。

(3) 被探土機轉軸夾傷。

(4) 爆炸／火警。

(5) 氣體泄漏。

(6) 被車輛撞倒。

■ 受天雨影響下探土

20.9.3 危害評估

評估危害時，可以考慮以下的因素以方便估計可發生意外的嚴重性和可能性：

(1) 泥土的堅固程度。

(2) 地下電纜／煤氣喉／水喉的位置及深度。

(3) 工程附近的交通情況。

20.9.4 危害控制

(1) 在探土機轉軸裝上護罩。

(2) 工程前先了解地面情況。

(3) 用足夠支撐固定探土機。

(4) 工程前向有關機構查閱地下設施記錄。

(5) 用電纜探測器確定電纜位置。

(6) 穿上反光衣及其他個人防護設備，例如聽覺保護器。

21 安全施工程序

21.1 簡介

建造業是其中一個法例規定須要建立安全管理制度的行業，主要是基於其工作風險高，意外數字一直高居前列，意外後果嚴重。其中原因包括：

- 工作場地多屬於臨時性，因施工進度而時常變更；
- 工作環境因多屬戶外工作，而易受到天氣影響；
- 不同工程類別同時在進行；
- 一般使用危險機械設備比較多；
- 工程大都是多層分判，管理困難；
- 工人流動性大，難於控制。

基於上述的原因，建造業在推行安全管理制度面對不少問題。管理計劃部分推行時可能出現的問題，通常都採用不同的程序技巧。安全施工程序便是其中一種工具，使機構可以規範日常的施工程序，提供一個模式作為依據，去推行安全管理制度的個別元素。

安全施工程序的概念是源自日本，和5S (整理、存放、清潔、標準、修養)的工場管理一樣，是用一種管理工具去解決工作管理制度上不同範疇的困難。日本建造業在實行安全施工程序後，在安全健康方面，有顯著的成績，工傷意外數字銳減。

21.2 甚麼是安全施工程序

安全施工程序的概念在於將建造品質和建造安全揉合在一起。着重於透過高層預先建立的公司安全目標和實施方針，塑造一套公司化的安全管理模式，將傳統的強制性執行安全措施，改為以合作態度互相配合去處理安全事宜。此程序明確確立各階層的責任，尤其突出前線管理人員(如組長、管工)的領導才能，藉着前線管理人員與工人的互相信賴及直接溝通，使得有關的安全訓練和安全訊息更能被工人接受和認同，最終建立良好的安全文化。

安全施工程序一般期限分為每日、每週和每月。期限由程序步驟的重要性和急切性決定。期限中以每日的比較全面及細緻，每週和每月的涵蓋範圍則較廣。

21.3 每日安全施工程序

每日安全施工程序基本上包括8個項目，依據每日工程進度確定其相對次序，並規範於每日的工作時段上。這個程序可展示於一個計時器上。使各人有規律地執行有關的工作及負上應有的責任。各機構應因自己的情況及工程的特色去確定每個項目的執行時間。

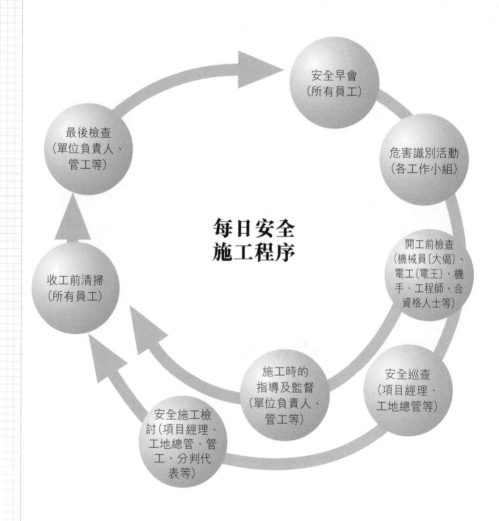

安全早會是每日安全施工程序的第一步。它包括：

- 發報重要事項(如工程進展／特別活動，特別安全注意事項等)；

- 早操(如伸展運動)；

- 檢查基本裝備。

如何推行安全早會呢？

(1) 推行安全早會須有：

(a) 參加者：所有員工，包括分判商和工人；

(b) 主持人：項目經理或地盤總管；

(c) 設備：擴音機或其他廣播系統、示範器材、白板、全身鏡等；

(d) 資料：海報、安全單張、刊物等。

■ 安全早會舉行的情況例子

(2) 進行安全早會的方法

(a) 項目經理或總管簡單公佈重要事項，如工程進度，介紹新負責人，特別活動 (如測試或探訪)，並公佈昨天的安全表現；

(b) 項目經理或總管提醒工人特別要注意的危害項目或其他意外事件，作為警惕及預防的一種方法；

(c) 項目經理、總管或管工帶領員工在聚集地點做早操；

(d) 安全督導員或管工提醒各工人檢查自己的個人防護設備。

(3) 安全早會的地點

(a) 在空曠的地方，可以容納所有員工；

(b) 不受外界或天氣變化影響。

▶ 21.3.2 危害識別活動

危害識別活動是每日安全施工程序的第二步，主要是透過各工作小組組長／管工帶領自己的組員，為當天的工作進行危害識別，使各成員明白工作的危險性及有關的預防措施，以防止意外。

如何推行危害識別活動？

(1) 推行危害識別活動須有：

(a) 參加者：每組組員、每個工種的管工；

(b) 主持人：管工(可由多個管工輪流主持)；

(c) 設備 (如有需要) 作解釋用途；

(d) 資料：

• 所需工作工具、設備的操作手冊；

• 所需物料的樣板及化學品安全資料表；

• 危害識別活動及監督表。

(2) 進行危害識別活動的方法

(a) 每天早上開工前，緊接安全早會進行，為時約五至十分鐘；

(b) 管工扼要地將前一天安全施工檢討得出的總結，及當天工作編排向組員交代；

(c) 有序、清晰及簡潔地說明工作步驟；

(d) 要求組員就有關的工作指出其潛在的危害，並就其中兩至三個主要危害提出相應的安全措施；

(e) 確保各組員明白所採取的安全措施；

(f) 將結論填寫在「危害識別活動及監督表」內；

■ 組員積極參予危害識別活動

(g) 確定已知會其他工種及取得協調；

(h) 檢查工作服飾及留意員工身體狀況。

(3) 危害識別活動的地點

　(a) 在「架步」或工地進行，如果在後者，要預防外來因素，如高空墮物所引發的問題。

▶ 21.3.3 開工前檢查

所謂『工欲善其事，必先利其器』，所以開工前檢查是必須的，並要緊隨於危害識別活動之後。在開工或使用設備前，確保所要使用的有關工具、設備、機械和物料等處於安全及妥當狀態。

如何推行開工前檢查？

(1) 推行開工前檢查須有：

　(a) 參加者：所有員工；

　(b) 主持人：個人，機手、管工、合資格人士(電王、大偈、棚工)、檢查員、維修小組、工程師等；

(c) 承建商及分判商可以根據以下原則決定委任負責人：

- 如機械及工具由單一操作員操控，便由該員工負責。如設備由數名員工控制，便須委派一名負責人。

- 主要由某些分判商使用的一般臨時設備，須由分判商委派負責人。如設備由幾個分判商的員工共同使用，便須由安裝及使用分判商共同指派一人負責。

- 高危險性的工作如在密閉空間、挖掘坑穴、棚架高空工作等，便須有指定合資格人士。

(d) 設備：測試儀器、維修工具等；

(e) 資料：

- 機械設備說明書；

- 檢查表；

- 工程師／安全主任所編寫的檢查清單；

- 測試檢查清單。

(2) 開工前檢查的方法

(a) 每天早上及下午開工前進行，特別是在強風或暴雨後；分判商攜機械設備進場時進行；及承建商供應機械及其他設備時；

(b) 開工前須要檢查的機械設備項目包括：

- 流動式起重機；

- 流動建築機械；

- 軌道式機械設備；

- 電動機械及設備。

(c) 除了工具、物料及機械設備外，下列裝置結構也須在開工前進行檢查：

- 電力裝置；

- 棚架／坑穴等；

- 焊接／切削工具；

- 防火裝置。

(d) 檢查地點包括：

■ 開工前檢查氣焊工具

■ 開工前檢查柵架

- 工地；
- 機械設備設置地點；
- 工地鄰近。

(3) 開工前檢查的地點

(a) 視乎實際情況，開工前檢查可在室內或室外進行。

▸ 21.3.4 施工時的指導及監督

施工時的指導及監督是另外一個層面的監察，主要是由小組組長負責。跟進危害識別活動建議的安全措施，是否跟循及實施時可能存在的問題。

如何推行施工時的指導及監督？

(1) 推行施工時的指導及監督須有：

(a) 參加者：小組員工；

(b) 主持人：管工、組長或單位負責人；

(c) 設備：相機（如有需要）；

(d) 資料：危害識別活動表格。

(2) 指導及監督的方法

(a) 在施工時管工或單位負責人，不斷對員工作出所需的指導及監督；

(b) 監察在危害識別活動所確認的控制危害措施是否執行；

(c) 確保員工按照安全工作指引進行各種工作；

(d) 留意工作環境在進行中的變化，例如產生過量的噪音、煙塵；

(e) 糾正員工的不安全行為，提供輔導；

(f) 接納項目經理或工地總管於安全巡查所提出的意見；

(g) 協調其他工種所引起的危害，如有需要於安全施工檢討時提出，尋求完滿解決問題的途徑。

■ 管工監督員工按照安全工作指引工作

(3) 施工時指導及監督的地點

(a) 所負責工序的工作範圍，如吊重物橫過員工所在的地方，天氣惡劣時需要及時採取安全措施的地方。

▶ 21.3.5 安全巡查

工地高層人士的安全巡查，有監察工作的作用，可以確保日常工作安全地進行。任何可能影響到施工進展的安全問題，高層明瞭後可迅速解決。

如何推行安全巡察？

(1) 推行安全巡查須有：

(a) 參加者：安全主任／安全督導員／管工；

(b) 主持人：項目經理或總管；

(c) 設備：相機／攝錄機(如有需要)；

(d) 資料：

- 危害識別活動及監督表；
- 安全巡查清單。

(2) 進行安全巡查的方法

(a) 每天至少進行一次安全巡查，在安全施工檢討前進行，若情況許可，在上午及下午開工後分別進行；

(b) 安全巡查範圍包括整個工地及就近會受到工程影響的地方；

■ 管工陪同項目經理巡查載人籠的情況

■ 安全主任陪同項目經理巡查工地附近情況

(c) 安全巡查的考慮要點：

- 施工程序是否按照施工計劃執行；
- 安裝工序是否會產生不安全情況；
- 混雜工作是否產生危險；
- 操作重型機械器材是否產生危險。

(d) 重點巡查高危害或特別項目；

(e) 通知個別管工即時糾正危險活動／情況；

(f) 填寫安全巡查清單。

(3) 安全巡查地點：重點巡查地方。

▸21.3.6 安全施工檢討

安全施工檢討提供一個溝通及合作解決問題的機會。解決掉當天發現的問題，以免問題持續或惡化。

如何推行安全施工檢討？

(1) 推行安全施工檢討須有：

    (a) 參加者：分判代表、安全主任；

    (b) 主持人：項目經理、總管；

    (c) 設備：開會時所用的器材，如白板、投射機、電視機、錄影機等；

    (d) 資料：安全施工檢討記錄。

(2) 進行安全施工檢討的方法

    (a) 每天定時在寫字樓舉行安全施工檢討會，檢討當天的安全表現，例如指導及監督結果和安全巡查的發現；

■ 工地總管在施工檢討會上總結巡查結果

    (b) 宣佈明天的工作，特別是新進場或高風險工種，並介紹所需控制措施；

    (c) 各判頭提出可以改善安全表現的地方，並知會其他判頭明天所安排

的工作及其安全措施，特別是會嚴重影響他人安全及健康的活動，如吊運或釋放出毒氣、噪音、幅射的工序；

(d) 大家協調在地方、工具、機械、材料、能源上的要求而可能產生的衝突，尋求解決方法；

(e) 確保明天所需的一切用品／人員齊備，如圖則、施工指引、測試工具、個人防護設備、合資格人員 (包括：電王、機手、信號員等)；

(f) 記錄檢討結果於「安全施工檢討記錄」表上。

(3) 進行安全施工檢討的地點：在工地的寫字樓進行。

▶ **21.3.7 收工前清掃**

這個步驟是要確保整日工作完成後，在離去前，將各自工作崗位的設備、用具、儀器、環境等進行清掃。以確保明天的工作環境設備準備妥當。這個清掃不是單一的清理活動，而是以5S清潔的概念為基礎。每個人都要有5S工場整理的意念，將需要的物件、用具等分類，以其急切性，並以茲識別存放，每天完工前進行清掃，至預定標準。

如何推行收工前清掃工作？

(1) 推行收工前清掃須有：

(a) 參加者：所有員工；

(b) 設備：掃帚、剷、垃圾、容器、手推車、儲物容器等；

(c) 資料：所需清潔劑的安全資料庫。

(2) 收工前清掃的方法

(a) 各員工收工前立刻把自己負責範圍內的工地清掃乾淨，這要應用5S的技巧。其基本原則是：

• 決定儲存物料、器材及機器設備的位置和方法；

• 設置投棄物料的儲放站；

• 設置器具將廢物分類；

- 適當地棄置不必要的物料；

- 保持通道暢通。

■ *存放每日剩下的有用物料*

(b) 清掃標準要達到機構事前所訂立的水平，特別要留意下列地方：

- 油污；

- 水源；

- 排水阻塞；

- 垃圾；

- 通道；

- 火種；

- 電源；

- 機械上鎖；

- 工具放回原處。

(c) 清掃的方法，要制定工作指引，如果情況需要，儘早邀請特約承辦
商協助。

(3) 清掃地點：員工自己管轄的範圍。

▶ 21.3.8 最後檢查

　　每日安全施工程序是以最後檢查為一段落。主要是確保工地不會在下班後發生意外，如火警、水浸、棚架倒塌、失竊、非法人士入內等，以免招受損失及影響公眾。進行最後檢查的好處在於：

- 避免發生意外及節約能源；
- 清掃工作可作為評估員工清掃的表現；
- 遵守法例。

(1) 推行最後檢查的必備條件

　(a) 參加者：管工及分判代表；

　(b) 主持人：管工、地盤總管；

　(c) 設備：電筒、閘門鎖匙；

　(d) 資料：最後檢查清單。

(2) 進行最後檢查的方法

　(a) 各自檢查所屬範圍，而管工則重點檢查清單項目；

　(b) 檢查重點內容：

- 清潔工作做妥；
- 所有火種熄滅；
- 所有機械開關匙拔掉及儲存好；
- 剩餘物料已擺放妥當；
- 所有員工已離開工地（加班員工除外）；
- 出入口閘門已上鎖；
- 電掣閉妥。

　(c) 填寫最後檢查清單；

　(d) 各管工及分判代表向項目經理／總管匯報收工後清潔的情況。

■ 管工檢查電箱

■ 管工於最後檢查完畢後向總管匯報

(3) 最後要檢查的地點：各自管轄範圍

21.4 每週安全施工程序

每週安全施工程序，有3個項目，目的在於將過去一週的表現作中期檢討及為未來作安排。每週的程序包括：

- 巡查及檢查；
- 安全施工檢討；
- 每期大清掃。

每週安全
施工程序

每週巡查
(項目經理、工地總管及分判商代表等)
每週檢查(機械員(大偈)、電工(電王)、機手、工程師、合資格人士等)

每週安全施工檢討(項目經理／工地總管、安全主任及分判商代表等)

每週清掃
(所有員工)

21.4.1 每週安全巡查及每週檢查

每週巡查是由承建商及分判商聯合負責，藉此增強雙方面的合作，共同努力，以消除在巡查時所發現的安全問題。

承建商及分判商代表(合資格人士)還須要各自為自己在工地的機械設施、電器裝置、棚架結構等進行每週檢查，以確保運作良好。

如何推行每週安全巡查及每週檢查呢？

(1) 推行**每週安全巡查及每週檢查**的必備條件

　(a) 每週安全巡查

　　• 參加者：項目經理、工地總管、安全主任、分判商代表；

　　• 主持人：項目經理／工地總管。

■ *每周安全巡查隊巡查工地電梯槽圍欄*

　(b) 每週檢查

　　• 主持人：機手／各合資格人士，如電王、機手等。

　(c) 設備：

　　• 每週安全巡查——相機(記錄巡查時情況，作將來培訓所用)；

　　• 每週檢查——所需的檢查／維修工具。

(d) 資料：

- 每週安全巡查——安全巡查清單；
- 每週檢查——機械／設備檢查清單。

(2) **進行每週安全巡查及每週檢查的方法**

定期在每週指定的日子進行(一般是星期一)。

(a) 每週安全巡查

- 重點巡查施工可能出現不安全的地方，不良工作方法等；
- 提出及糾正不安全工作及環境；
- 記錄安全巡查清單。

(b) 每週檢查

- 檢查工地內的機械及設施，檢查設備是否安全運作，例如問題是由於設備的正常損耗、濫用及使用不當所引起的。
- 作出即時適當維修或提議停用待修。
- 填寫檢查清單報告。

(3) **地點**

(a) 每週安全巡查－包括整個工地的內外範圍；

(b) 每週檢查－工地內機械及設施所在的地方。

▶ 21.4.2 每週安全施工檢討

每週安全施工檢討，目的在於加強各階層及分判商間的溝通，總結上週的安全表現和編排來週的施工項目。其好處在於:

- 加強溝通及協助分判商進行改善工作；
- 提供反映問題機會及盡早將問題解決。

如何推行每週安全施工檢討？

(1) **推行每週安全施工檢討的必備條件**

(a) 參加者：員工代表及分判商代表；

(b) 主持人：項目經理／地盤總管及安全主任；

(c) 設備：開會時所需的器材，如白板、投影機等；

(d) 資料：上週及本週的巡查記錄。

(2) 進行每週安全施工檢討的方法

(a) 每週定期在寫字樓舉行一次，檢討上週的施工情況及來週施工的次序；

(b) 按照進度，協調不同工種的施工；

(c) 編排每個工種的每週工作時序；

(d) 確保認知工作中的危險地帶；

(e) 知會更改通道及臨時結構的設置和工作時序；

(f) 記錄會議內容。

(3) 每週安全施工檢討的地點：**會議室**。

▸ 21.4.3 每週清掃

每週清掃的原意，在於定期徹底地把工地清掃一番，為下週做好準備。其好處是

- 創造安全工作環境；
- 減少因不安全環境而造成的意外；
- 確保物料在準備狀態；
- 使工地有紀律性；
- 提升效率。

如何推行每週清掃的工作？

(1) 推行每週清掃工作的必備條件

(a) 參加者：工地內所有員工；

(b) 主持人：承建商及分判商管工；

(c) 設備：每週清掃時所需的清掃用具，如刷、掃、毛巾等；

(d) 資料：巡查清單報告。

(2) 每週清掃的方法

  (a) 在指定每週內某一天及時間進行(通常在每星期最後一天);

  (b) 棄置不再需要使用的物料及建築材料於收集處;

  (c) 擺放未用完的材料在指定位置;

  (d) 委任專人負責統籌及確認清掃結果;

  (e) 引入評核制度,獎勵表揚傑出清掃人士。

■ 員工徹底清掃所負責的地方

(3) 每週清掃的地點:選定的地方。

21.5 每月安全施工程序

每月安全施工程序主要是作為檢討匯報工地表現及進展,同時透過訓練及獎勵提升工人安全意識,確認他們的努力和合作。

每月安全施工程序包括以下項目:

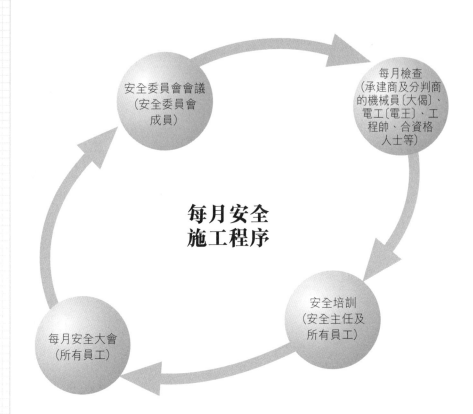

每月安全
施工程序

(循環圖各節點)
安全委員會會議
（安全委員會
成員）

每月檢查
（承建商及分判商
的機械員〔大偈〕、
電工〔電王〕、工
程師、合資格
人士等）

安全培訓
（安全主任及
所有員工）

每月安全大會
（所有員工）

▶ 21.5.1 每月檢查

每月安全檢查，目的在於改善機械、設備、器材、工具及物料的管理。並遵守有關法例作檢查。

如何推行每月檢查？

(1) 推行每月檢查的必備條件

　　(a) 參加者：承建商或分判商委任的合資格人士；

　　(b) 負責人：電工、機械員 (大偈) 等；

　　(c) 設備：檢查工作所需的儀器，例如測試表；

　　(d) 資料／物料：

　　　　• 檢查工作所需的物料，例如除油劑或潤滑劑；

　　　　• 機械設備維修——保養手冊。

(2) 每月檢查的方法

　　(a) 每月最少一次檢查工地內的有關設施；

　　(b) 檢查的頻率要根據法例或機構的規定；

■ 合資格人士進行承建商定下的每月檢查流動吊重機

　　(c) 使用檢查清單協助，使工作有系統地進行；

　　(d) 按照檢查結果去作出所需整修，清楚識別不可使用的設施，直至把問題解決為止；

　　(e) 保存每月安全檢查記錄。

(3) 地點：工地內所有的機械、設備等所有位置。

▶ 21.5.2 每月安全培訓

　　每月安全培訓可幫助員工得到定期的安全訓練，加強安全的信念及意識、應有的技能、知識和態度。培訓是透過學習意外發生的成因，從而避免同樣或類似的意外事件。好處:

　　　　● 員工透過安全培訓，可以掌握所需要的安全技能及知識，同時亦可培養正確的安全態度；

- 顯示管理階層對員工安全及健康的重視；

- 滿足安全法例的要求；

如何推行每月安全培訓？

(1) 推行每月安全培訓的條件

   (a) 參加者：由安全主任負責，所有員工(包括分判商員工在內)都須要參予；

   (b) 主持人：安全主任；

   (c) 設備：培訓時所需的器材，例如投射機、電視機、錄影機等；

   (d) 資料：培訓時所需的物品，例如筆記、示範作用的工地材料。

(2) 每月安全培訓的方法

   (a) 安全培訓最少每月舉行一次；

   (b) 透過討論意外個案，找出意外的成因及預防方法。

■ 安全主任正進行每月的安全培訓

   (c) 以小組型式培訓，各小組組長講解討論的目標及方法，討論層次為：

- 確認事件；

- 發掘問題所在；

- 決定問題的癥結；

- 制定改善措施；

- 小組討論得出來的結果將會綜合討論；

- 討論完畢小組組長須進行扼要的總結。

(3) 地點：**課室或會議室**(培訓地方要安靜，避免分散學員的集中能力。)

▶ 21.5.3 每月安全大會

每月安全大會可與每日安全早會一併舉行，內容除包括每日早會的例行事項，加上舉行安全推廣活動，提升員工安全意識及進行頒獎儀式。好處：

- 擁有每日安全早會的全部好處；

- 可激發員工的士氣。

如何推行每月安全大會呢？

(1) **推行每月安全大會的條件**

(a) 參加者：工地所有員工；

(b) 主持人：項目經理／工地總管；

(c) 設備：參照安全早會；

(d) 資料：參照安全早會。

(2) **舉行方法**

(a) 每月同時間舉行；

(b) 處理每日安全早會事項；

(c) 檢討上月的安全表現；

(d) 介紹來月的安全推廣計劃；

(e) 解釋針對施工而制定的安全措施；

(f) 頒發安全獎項(公佈每月及小組的安全表現)。

■ 項目經理頒發獎項予最佳安全員工

(3) 地點

    (a) 工地上的適當位置，可以容納所有出席員工。

▶ 21.5.4 安全委員會會議

每月的安全委員會會議，目的在於促進工地有關人士的聯絡，消除在工作上任何誤會或不協調的地方，檢討過往的安全表現，並計劃來月的工作，藉此加強各人的安全意識，達到減少意外的目的。其好處在於：

- 增加工地內各行業員工的溝通，協調彼此間的工作，避免因衝突而引起的意外；
- 安全委員成員來自各行業，會議所訂出的安全措施，相對較為可行及容易被接受。

如何推行安全委員會會議呢？

(1) 推行安全委員會會議的條件

    (a) 參加者：安全主任、分判商代表及其他有關人士 (如客戶的代表、則師等)；

    (b) 主持人：項目經理、地盤總管；

(c) 設備：開會時所需的器材；

(d) 資料：開會時所需的資料。

(2) 方法

　(a) 監察安全施工程序是否有效執行；

　(b) 制定來月的安全措施；

　(c) 協助制定安全規則和安全工作制度；

　(d) 審閱意外／事故／職業病的統計數字，以確認它們的趨勢和監察安全表現，並向最高管理階層報告委員會的結論和建議；

　(e) 審視安全巡查報告，並向最高管理階層報告委員會的結論和建議；

　(f) 監察僱員的安全訓練是否足夠和有效；

　(g) 監察工作地方的安全及健康訊息的傳達和宣傳是否足夠；

　(h) 組織安全推廣活動，例如：安全比賽、展覽、安全獎勵計劃及安全提議計劃；

　(i) 提供與外界的聯繫，從而獲得外界對安全的意見。

■ 項目經理主持安全委員會會議

(3) 地點：適當的地方，如承建商的會議室。

21.6 安全施工程序與安全管理制度

在《工廠及工業經營(安全管理)規例》中,雖然規例已定下安全管理的範疇(十四個元素),勞工處亦已發出守則給業內人士參考,但實際推行可能會面對不少壓力及困難。當中一些元素可能需要某些工具的協助,以便順利推行。

安全施工程序的各項活動,是可以作為推行安全管理制度的一種工具,去履行規例內一些主要元素的要求。以下是安全施工程序的每一個項目與法例指定的十四個元素兩者的比較。

1. 每日安全施工程序	相關的安全管理制度元素
• 安全早會	• 安全組織(溝通) • 安全推廣(安全意識) • 個人防護裝備
• 危害識別活動	• 工地風險評估與實施
• 開工前檢查	• 安全檢查(每日監察工地情況) • 工序控制(每日檢查及修正設施/工具) • 個人防護設施(監督)
• 施工時的指導及監督	• 安全培訓(指引) • 安全組織(能力) • 內部安全守則 • 安全檢查(監督)
• 安全巡查	• 安全檢查(監督) • 分判商的控制
• 安全施工檢討	• 安全組織(溝通和合作) • 分判商控制 • 工序控制
• 收工前清掃	• 工序控制(工地整潔)
• 最後檢查	• 安全檢查(監督)

2. 每週安全施工程序	安全管理制度元素
• 安全施工檢討	• 安全組織(溝通和合作) • 分判商控制
• 每週巡查	• 安全檢查(監督) • 分判商控制
• 每週檢查	• 工序控制
• 每週清掃	• 工序控制(工地整潔)
3. 每月安全施工程序	**安全管理制度元素**
• 每月安全委員會會議	• 安全委員會
• 每月巡查	• 安全檢查(監督) • 分判商控制
• 每月安全培訓	• 安全培訓 • 意外分析／預防
• 每月安全大會	• 安全組織(溝通) • 安全推廣(安全意識)

■ 安全施工程序與安全管理制度元素的比對

21.7 安全施工程序的其他項目

安全施工程序,除了上述所提及的定期活動外,其他還有一些非定期項目,來保障工地的安全事宜。當中以下兩項須要特別注意:

- 核准分判商所用的機械設備;
- 與分判商於進場前會議。

參考資料

(1)《「安全施工程序」手冊》(職業安全健康局);

(2)《工廠及工業經營(安全管理)規例》;

(3)《安全管理工作守則》(勞工處)。

22 工作場所整理

22.1 簡介

從建造業之職業傷亡個案以意外類別分析，不難發現居前列的意外類別均與工作場所整理不善有關。就以2002年為例，根據勞工處23個意外類別的分類，首8個最多傷亡的個案是：

- 被移動物件或與移動物件碰撞；
- 滑倒、絆倒或在同一高度跌倒；
- 提舉或搬運物件時受傷；
- 與固定或不動的物件碰撞；
- 人體從高處墮下；
- 觸及開動中的機器或觸及以機器製造中的物件；
- 被手工具所傷；
- 遭墮下的物件撞擊。

5S包含整理、存放、清潔、標準、修養的功夫，是整理工作場所的有效工具，它的意義不單是指工作環境的清潔，還包括有系統地安排生產程序、工具、設備安排貯存及供應物料等。工場內一切事物必須正確地安放在適當之位置，並且要使情況變得更好，該工場才能稱為完善。

良好的工作場所整理可帶給機構多個好處——建立安全及健康的工作環境，提高產品質素，減少故障出現，增加工作效率，孕育良好安全文化等。

22.2 在防止火警的應用

要達到防止火警的發生，便要控制構成「燃燒」的三個部份——氧氣、燃料和熱源。工地須配備充足而合適的滅火設備、和經過訓練的火警應急人員，若有火警發生，便能夠迅速加以控制，將損失降至最底。

(1) 妥善貯存及使用氧氣

(a) 若貯存氣體焊接用的氧氣瓶數量超過消防處的豁免量時，該等氣瓶須貯存在消防處認可的危險倉內，數量遵照該牌照的限制；

(b) 經常檢查使用中的氧氣瓶，確保焊接工具運作正常，接駁位沒有漏氣；

(c) 在密閉空間進行氣體焊接，氣瓶須放在外處。

■ 危險品儲存在危險倉內

(2) 限制易燃及可燃物料的貯存及使用數

(a) 改進工序，減少使用木材，例如採用金屬模、金屬棚架、金屬護欄等；

(b) 嚴格控制物料流程，盡量減低貯存在工地的數量；

(c) 若貯存的乙炔氣、油渣、漆油、有機溶劑等危險品的數量，超過消防處的豁免量時，該等危險品均須貯存在消防處認可的危險倉內；

(d) 不逾豁免量的易燃液體，亦應貯存在櫃內，例如有自合蓋、防溢的金屬櫃，櫃外註明「易燃液體FLAMMABLE LIQUID」；

(e) 爆炸性、助燃、易燃等化學危險品，須按《工廠及工業經營(危險物質)規例》的規定，在容器上貼上標籤；

(f) 在工地各處設置有蓋的垃圾桶(受油脂或易燃液體沾染的棉紗頭抹布等廢料，應棄置在有自合蓋的金屬垃圾桶內)，各樓層設置垃圾收集槽，垃圾槽出口設置收集地，方便定期清理及運走廢料；

(g) 物料須整齊堆疊，不可阻塞通道、滅火設備、電力總掣等；

(h) 指導工人遵行安全施工程序內的收工前清掃和每週清掃，並提高工人的「修養」精神，自發積極參與良好工地整理。

(3) 剔除火源及控制熱工序

(a) 全面禁止吸煙，並張貼「不准吸煙NO SMOKING」告示；

(b) 控制明火工序(例如電弧／氣體焊接，火焰切割)——將所有易燃或可燃物料搬離工作地點，把不能搬離的可燃物料用防火物料遮蓋，指派防火糾察負責偵察及撲滅剛出現的小火，執行熱工序工作許可證等；

(c) 在易燃液體噴塗地點的6米範圍內禁止吸煙，禁止明火，禁止使用石矢槍，禁止出現可燃、易燃蒸汽的裝置；

(d) 不可燃燒垃圾以薰煙驅趕蚊；

(e) 由合格電工定期檢查電路、電掣箱、手提電動工具、電器及固定電力裝置；

(f) 切勿使用「萬能插座」及「拖板」，以防止電路過荷；

(g) 更換接觸不良的電器插頭；

(h) 保持電器的透氣孔暢通及附近留有足夠的散熱空間。

22·3 在防止觸電的應用

建築工盤可能會接駁臨時電力供應，使用發電機等短暫用途的設備，防止觸電便極其重要。觸電可引致死亡，皮膚灼傷或令觸電者從高處墮下受傷。

5S有助電能的識別，並確保電力配電和設備的效能及安全性。工友在開工前檢查和收工前清潔，能發現電氣設備的損壞。合格電工在定期的檢查，能找出配電線路，電力總掣等的毛病，以便糾正。

(1) 預防措施

(a) 確保發電機有妥善的接地(並加以標明)；

(b) 發電機的外面標明其操作和檢查只能由指派的合格技工執行；

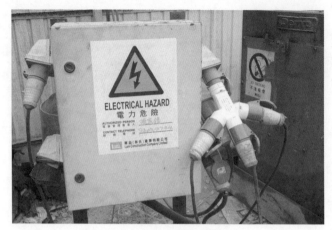

■ 在户外採用防水插座

(c) 在使用蓄電池的地點張貼有關的指示——檢查時移除身上金屬物件；添加電池水時，須穿着化學品手套、圍裙、面罩等；

(d) 電力裝置標明識別及警告用的告示，例如在有明露導體的開關盤圍封範圍，設置「危險——帶電電線。未經授權，不得內進DANGER LIVE WIRES——UNAUTHORIZED ENTRY PROHIBITED」的標示；

(e) 在進行修理，執行「上鎖掛牌」程序，展示「危險——在修理中DANGER UNDER REPAIR」的告示；

(f) 總電掣箱皆設有漏電斷路器，電路圖和每個開關掣和插座皆標明用途，並加以上鎖；

(g) 各樓層的電力分箱亦設有漏電斷路器、防水插座，外面標明電力危險並加以上鎖；

(h) 戶外的架空電纜設有適當高度的龍門架並設有高度標記；

(i) 電線妥善架置，切勿擱在尖銳的釘子上，避免在地上拖曳受損，亦導致跘倒的意外；

(j) 露天使用的電線和接頭應是防水類型；

(k) 手提電動工具 (除「雙重絕緣」外) 須有接地線及有效接地；

(l) 盡量採用特低電壓，以減少觸電意外的嚴重性；

(m) 展示治療受電擊的告示；

(n) 工友遵照「標準」，履行「修養」，採用有效的絕緣防水手套、衣物及鞋等個人保護設備，以及使用絕緣手工具和膠蓆，方能進行電力工程。

22‧4 在防止人體從高處墮下的應用

進行建築工作而有工人可能從2米或以上高處墮下，便要採取足夠的防墮預防措施。這包括確保施工的地點及進出的途徑是安全的，並且消除任何使人滑倒、跌倒的危害。

(1) 預防措施

■ 機械設備貼上檢驗證明書及標明載人數

(a) 在棚架 (包括「狗臂架」懸掛式棚架) 和流動金屬棚架上，展示有效的棚架檢查證書，述明棚架處於安全操作狀態；

(b) 在使用的機械設備——吊船、塔式工作平台、動力控制及移動式工作台上，註明安全操作負荷，載員人數，標明控制按鈕名稱，展示操作程序或攜帶操作手冊等資料；

(c) 禁止使用吊板 (非動力操作式) 和「載人吊籠」；

(d) 在墮下危險的地方，設置護欄、屏障、底護板 (俗稱踢腳板) 及圍欄，例如在升降機槽口裝設護欄 (頂欄高900—1150毫米的，中欄高

450-600毫米，踢腳板高不少於200毫米），樓層邊緣加上圍欄，坑邊裝設圍欄等；

(e) 在孔洞的覆蓋物加上警告字句，例如「危險地洞」；

(f) 木板路及路徑所用的木板或金屬須鋪密；

(g) 工作平台、木板路或路徑，須至少闊400毫米；運輸物料的木板路或路徑，須至少闊650毫米；

(h) 當其他防止墮下措施並不切實可行，方採用適當的安全網及安全帶，例如在搭建或拆卸棚架時；

(i) 在工作前檢查或收工前清掃時發現機械設備或工作環境的問題應即時糾正，或向上級報告；

(j) 只使用梯具進行簡單的工作，例如更換燈泡，否則應使用合適的工作台；

(k) 工地升降機和物料吊重機的閘門須有互鎖式設計，防止工人跌進機槽；

(l) 使用安全帶作為輔助措施，例如在吊船上工作時。

22.5 在防止高空墮物的應用

工具、設備、物料、垃圾皆可從高處墮下，造成工友、路人或附近的居民嚴重撞傷。吊運的失誤，鬆散的棚架，沒有防護的樓邊，堆放過多物料的工作台都可促成高空墮物的發生。工場整理能幫助減少不需要的物品在高處出現，促使遵從正確的工序，確保防護設備的功能。

(1) 預防措施

(a) 遵照起重安全操作——不可超逾起重機械或纜索的安全操作負荷，採用適當索結，使用特定載具等；

(b) 圍封吊重機械槽；

(c) 將手工具放在工具箱或工具腰帶攜帶；

(d) 如有需要，工具可用繩子繫緊，接連上腰間或手腕上，避免使用時

墮下；

(e) 樓邊、升降機樓層開口、工作台須設置附有不少於200米高踢腳板的護欄，既防止高空墮物又避免身體墮下；

(f) 牢固覆蓋能墮人或物件的孔洞，加上警告告示；

(g) 嚴禁拋棄垃圾入升降機槽；

(h) 不可在樓邊、工作台堆放過多物料；

(i) 棚架在使用前14天內，或經歷豪雨、暴風等惡劣天氣後，須由合資格的人檢查，簽發證明書；

■ 斜棚要經常清理及檢查

(j) 棚架和樓宇的拆卸須遵照安全程序，防止高空墮物；

(k) 棚架每15米高安裝斜棚，斜棚向外伸展最少1.5米；

(l) 棚架面上裝置保護幕 (例如尼龍網)；

(m) 定期清走附着在棚架、斜棚和保護幕的垃圾；

(n) 在工地外圍的圍街板和工地內的行人通道加上穩固的頂蓋；

(o) 在大樓底層設置有足夠承托力的擋板。

22.6 安全標誌

5S的「標準」提倡多使用目視工具，運用顏色、形狀、圖形的安全標誌，便是一個好的工具。安全標誌設立的目的，是提供安全訊息，並令工人在很短時間內清楚明白訊息內容。

(1) 標誌設計

(a) 禁止標誌

- 圓形；

- 白色背景顏色，黑色圖像，紅色邊及斜間(紅色部分應佔標誌面積不少於35％)。

(b) 警告標誌

- 三角形；

- 黃色背景顏色，黑色圖像，黑色邊(黃色部分應佔標誌面積不少於50％)。

(c) 強制性標誌。

- 圓形；

- 藍色背景顏色，白色圖案(藍色部分應佔標誌面積不少於50％)。

(d) 緊急出口或急救標誌

- 長方形或正方形；

- 綠色背景顏色，白色圖像(綠色部分佔標誌面積不少於50％)。

(e) 滅火標誌

- 長方形或正方形；

- 紅色背景顏色，白色圖像(紅色部分佔標誌面積不少於50％)。

(f) 障礙物，危險地方及交通路線標誌

- 紅色和白色斜條或黃色和黑色斜條；

- 斜條為45度；

- 斜條之間面積均等。

(2) 文字說明

標誌也可加上文字說明。說明應以中英文(或其他合適的語文，例如尼泊爾文)書寫在方形框內。文字可採用和圖案相同的顏色，再配以對比顏色或在白色背景加上黑色文字。

■ 禁止

■ 強制

■ 警告

■ 急救

■ 逃生

■ 滅火

■ 警覺條紋

參考資料

(1) 良好工作場所整理自用套件(職業安全健康局)；

(2) 歐盟《工作安全標誌規例1980》；

(3) 英國《健康安全(安全標誌及訊號)規例1996》。

23 工地衛生及環境的管理

23.1 簡介

保持工地的整潔衛生對保障僱員的安全健康極其重要。如果處理不善，工地人員會受到物理性、化學性及生物性危害。例如吸入過量塵埃、廢氣、石棉等，可以嚴重影響呼吸系統。傳染病如鼠疫、登革熱等亦會由工地滋生的老鼠和蚊子傳播。公眾人士亦可能因為工地不整潔而受到影響，建造過程所產生的塵埃、污水、噪音、拆建廢物及所滋生的細菌和蚊蟲等也會對公眾和周邊環境造成滋擾。因此承建商有責任維持工作環境整潔衛生，讓員工能安全健康地工作。

23.2 工地整潔衛生法例

除第1章所述的法例外，其他有關建築工地整潔衛生的法例或條文還包括：

▶ 23.2.1《建築地盤（安全）規例》

第42條規定凡任何建築工程涉及物料的研磨、清潔、噴塗、混合或加工，引致散發塵埃或煙氣，其性質及散發的程度極有可能傷害受僱從事該工作的工人的健康，則負責該工程的承建商及任何直接控制該工程的承建商，須採取所需的所有合理步驟，藉提供足夠的通風或藉設置及使用適當的呼吸器具或其他有效設施，以防止工人吸入該等塵埃或煙氣。

第52條規定負責建築地盤的承建商須確保通往建築地盤及建築地盤內所有用作通道的平台、木板路、樓面或其他地方均保持不被無需即時使用的鬆散物料所阻塞。承建商亦須確保地盤內貯存的物料並沒有不牢固地堆疊或負荷過重而對工人造成危害。

第55條規定負責建築地盤的承建商須在建築地盤設置足夠及適當的廁所及清洗設施；如建築地盤僱用或擬僱用男性及女性僱員，則該等設施須提供適當的分開男女各自使用的地方。

第66條規定負責建築地盤的承建商須在地盤提供衛生的食水及可供工人用膳的房間或遮蔽地方。

▶ 23.2.2《職業安全及健康規例》

此規例對建築工地衛生及環境的具體要求包括：

第12條規定工作地點的負責人必須在合理切實可行的範圍內確保該工作地點及所有安裝或存放於該工作地點內的作業裝置並沒有污垢、廢物及碎料。而所有在該工作地點的廢物及碎料均存放在適當的容器內。負責人亦須確保該工作地點有充足的新鮮空氣流通；及在該工作地點內的空氣在合理切實可行範圍內盡量沒有雜質。並安裝和使用有效的排氣裝置，以保護受僱於該工作地點工作的僱員，免其吸入雜質。

第14條規定如在工作地點進行的活動沾濕或極有可能沾濕該工作地點的地面；而沾濕的情況可藉排水系統得以避免或根除，則該工作地點的負責人必須確保該工作地點安裝有效的排水裝置。

第15條規定工作地點的負責人必須確保該工作地點提供足夠和適當的廁所及其清洗設施；此外，如已僱用或擬僱用男性和女性，須為男性和女性提供恰當並分開的該等設施。

第16條規定工作地點的負責人必須確保該工作地點提供足夠的可供飲用的水，以供受僱在該工作地點工作的僱員飲用。

▶ 23.2.3《公眾衛生及市政條例》

第6條規定任何人如將固體、泥漿或廢物(一般住宅污水中所含有者除外)放入或拋入公共下水道或排水渠內，或將化學品、油類、石油等排入下水道，從而造成危險的，則可被主管當局檢控。

■ 化學品應妥善存放

第27條指出若當局認為任何建築工地內有含有蚊幼蟲或蚊蛹的積水，則可以向該建築工地的承建商發通知書，而該承建商須將存在的積水清除，並防止該工地再出現積水以滋生蚊蟲。

第47條規定若當局認為某處所受蟲鼠侵擾時，可發出通知書要求該處所擁有人或佔用人於指定時間內清潔該處所。

▶ 23.2.4《噪音管制條例》

條例中把建築工程噪音分為一般建築工程和撞擊式打樁工程兩大類。每類工程分別由一項『建築噪音許可證』制度所管制。

(1) 噪音管制要求

一般建築工程發出的噪音管制如下：

任何人於下午7時至翌日上午7時，或於公眾假日的任何時間，在任何地方使用，或促使或准許使用任何機動設備進行任何一般建築工程，並在使用該等設備時，出現以下情形，即屬犯罪 —

(a) 未持有與該工程有關的有效建築噪音許可證；

(b) 不符合與該工程有關的有效建築噪音許可證上所列條件。

此外，在限制時間內於指定範圍，使用指定機動設備(例如手提破碎機及泥頭車)或進行訂明建築工程(例如搭建或拆除模殼或錘打)均受到更嚴格的管制。同樣會使用管制機動設備的建築噪音許可證制度。指定範圍是根據噪音管制(建築工程指定範圍)公告定義的人口稠密的已建區。

撞擊式打樁工程是指用直接或間接錘打或其他撞擊方式將樁沉埋或打進地裏的打樁工程，包括使用吊錘、柴油錘、雙動錘、單動錘、內部吊錘、氣壓錘、蒸汽錘或其他撞擊裝置進行的打樁工程，該等其他撞擊裝置不包括便攜式的和在設計上不必用其他形式支撐而能手提操作的撞擊裝置。有關這種發出的噪音管制如下：

任何人於非公眾假日的任何一日，由上午7時至下午7時，在任何地方進行，或促使或准許進行，任何撞擊式打樁工程，並在進行工程時，出現

以下情形，即屬犯罪 —

(a) 未持有與該工程有關的有效建築噪音許可證；或

(b) 不按照與該工程有關的有效建築噪音許可證上所列條件。

任何人於下午7時至翌日上午7時，或於公眾假日的任何時間，在任何地方進行，或促使或准許進行，任何撞擊式打樁工程，即屬犯罪。

(2) 建築噪音許可證

噪音管制監督可發出建築噪音許可證，並可就任何建築噪音許可證上附加其認為適當的條件。監督在考慮一般建築工程及撞擊式打樁工程的申請時，將會依據有關技術備忘錄內載的評估程序評估由該設備對「噪音感應強的地方」(例如，毗鄰之樓宇)所造成的影響。備忘錄內載有各項技術性原則，用以決定應否發出許可證或應列入何種條件於許可證內。與建築噪音有關的技術備忘錄共有三款，分別為「管制建築工程噪音(撞擊式打樁除外)技術備忘錄」、「管制指定範圍的建築工程噪音技術備忘錄」及「管制撞擊式打樁工程噪音技術備忘錄」。如監督經評估後認為該設備發出的噪音是符合上述技術備忘錄內載的規定，便會簽發附有適當條件的「建築噪音許可證」。

■ 隔音布架設在圍街板上以阻擋噪音

(3) 產品噪音管制

本條例亦授權當局制定規例，規定某些產品必須配有符合一定標準的噪音控制設備。監督有權規定某些產品必須進行測試或附有標籤，以便可以即時確定某一指定產品的製造商所聲稱的噪音聲級。《噪音管制(手提撞擊式破碎機)規例》及《噪音管制(空氣壓縮機)規例》規定，只有符合噪音發出標準的設備，方可獲准輸入、製造或供應給本港使用。任何人士在使用每部手提撞擊式破碎機時，除須遵照有關的噪音發出標準外，還須在機身貼上一個噪音標籤。

▶ 23.2.5《空氣污染管制條例》

《空氣污染管制條例》是管理空氣質素的主要法例，用以管制工商業的運作及建築工序所產生的空氣污染。環保署會向因工序或使用機器製造空氣污染的人士發出「消減污染通知書」，要求他們紓減或停止排放廢氣，否則會被檢控。在某些情況下，環保署會在現場作出即時檢控，如排放建築塵埃或黑煙等。

有關建築地盤之空氣質素管制則主要列於附屬法例《空氣污染管制(建造工程塵埃)規例》中。其條文如下：

(1) 通知

凡有應呈報工程擬在某建造工地進行，負責該工地的承建商須就擬進行該工程一事於工程開始前通知監督。凡擬更改關乎上述條款所指的通知中提供的詳情，負責有關建造工地的承建商須就該擬作的更改通知監督。

「應呈報工程」指—

(a) 工地平整工程；

(b) 填海工程；

(c) 建築物的拆卸工程；

(d) 在隧道的通往露天地方的任何出口100米以內的部分中進行的工程；

■ 隧道口設置防爆門將噪音減低15分貝

 (e) 建築物的地基建造工程；

 (f) 建築物的上蓋建造工程；或

 (g) 道路建造工程，但不包括任何緊急工程、除外工程或規管工程。

(2) 管制應呈報工程

 凡有應呈報工程正在某建造工地進行，負責該工地的承建商須確保該工程按照附表進行。

(3) 管制規管工程

 凡有規管工程正在某建造工地進行，負責該工地的承建商須確保該工程按照附表進行。

 「規管工程」指—

 (a) 在建築物的外牆外部表面或屋頂上部表面進行的翻新；

 (b) 道路開掘或重鋪工程；

 (c) 斜坡鞏固工程；或

 (d) 涉及以下任何一項活動的工程—

  • 堆存易生塵埃物料；

  • 裝卸或運送易生塵埃物料；

- 使用輸送帶系統運送易生塵埃物料；

- 使用車輛；

- 以氣動或電力推動進行鑽孔、切割及磨光；

- 處理碎屑；

- 挖掘或翻動泥土；

- 生產混凝土；

- 清理工地；或

- 爆破。

但不包括任何緊急工程、除外工程或應呈報工程。

23.2.6《水污染管制條例》

《水污染管制條例》是管制污水排放和沉積的主要法例，條例中管制了排放於公用污水渠、雨水渠、河道或其他水體的非住宅污水。這包括來自各類工業、製造業、商業、公共機構及建築作業等的污水。

(1) 污水排放牌照

在現行法例下，凡屬新的污水排放，在排放之前，均須根據條例中的規定向環境保護署申領牌照。牌照內會列明與排放有關的條款例，如排放點、須設置的廢水處理設施、最高排放量、污水標準、自行監察規定及保存記錄。

(2) 一般排放標準

環保署署長就訂定牌照及污水排放標準的指引訂下了技術備忘錄。備忘錄分別為不同區域及排放至表面水與污水渠的污水訂定不同標準，同時亦就不同的排放量訂下標準。建築工地的污水處理及排放指引則可參考環保署制訂的建築工地的排水渠專業守則。

- 建築工地的排水渠（專業守則1/94）

- 技術備忘錄：排放入排水及排污系統、內陸及海岸水域的流出物的標準（第358AK章）

▶ 23.2.7《廢物處置(化學廢物)(一般)規例》

《廢物處置(化學廢物)(一般)規例》就化學物的定義、化學物產生者的管制、化學物的藏有、貯存、收集、運送及處置等制訂條文。

■ 化學廢物櫃

凡產生或引致產生化學廢物的人士,均為化學廢物產生者。化學廢物產生者的主要責任為處置其所產生的化學廢物,作出妥善的安排。處置包括將廢物予以處理、再處理及循環再造。廢物產生者須安排其廢物送往已領取牌照的處置設施,同時亦有責任提供有關記錄或其他資料。法例規定化學廢物產生者必須在從事化學廢物產生活動前,向環保署登記。如未有登記為廢物產生者而產生或導致產生化學廢物,最高罰則為$200,000及入獄六個月。

23.3 工地常見之整潔衛生及環境問題

▶ 23.3.1 建築工程噪音

(1) 危害及環境問題

電動機械設備及撞擊式打樁工程發出之噪音會對下列人士構成影響:

(a) 對工人影響:

- 失聰、造成困擾及緊張;

　　　　● 噪音下難溝通，可能引致意外。

　(b) 對公眾影響：造成困擾及緊張。

(2) 危害控制

　　　● 在可行情況下換成較寧靜的機械及工具，例如：低噪音震筆、低
　　　　噪音砲等；

　　　● 用隔音屏障隔離發出噪音的機械設備；

■ 除沙設備上的隔音罩

　　　● 在機械設備裝上彈性物以吸收震顫；

■ 風砲在隔音屏障內開動

- 機械設備不用時應關掉；
- 由合資格人士進行噪音測試，按需要提供勞工處認可的耳罩或耳塞予工人使用，及劃定噪音管制區。

23.3.2 塵埃、煙霧及廢氣

(1) 危害及環境問題

(a) 建造工程揚起的塵：

- 對工人影響：刺激眼及呼吸系統；
- 對公眾影響：刺激眼及呼吸系統／造成煙霞污染環境。

■ 磨牆吸塵機

(b) 拆卸工程產生的石棉塵埃及矽塵埃：

- 對工人影響：石棉沉著病、肺癌、矽肺；
- 對公眾影響：石棉沉著病、肺癌、矽肺。

(c) 機械設備、發電機、工程車等排出的廢氣：

- 對工人影響：刺激眼及呼吸系統；
- 對公眾影響：刺激眼及呼吸系統／氣味／煙霞。

(d) 化學品及易燃物品噴塗時散於空氣中：

- 對工人影響：刺激眼及呼吸系統；
- 對公眾影響：刺激眼及呼吸系統／氣味。

(2) 危害控制

- 工地通道以混凝土或金屬板鋪設，或以水噴灑；

■ 路面自動灑水系統

- 車輛須在出入口以高壓水柱清洗；

- 易生塵埃物料應以不滲透的隔塵網完全覆蓋，或以水弄濕表面；

- 易生塵埃的工序應不時以水或抑制塵埃化學劑噴灑；

- 化學品或易燃物品噴塗時應保持良好通風；

- 工人應配戴適當的呼吸器具及眼罩。

▶ 23.3.3 拆建廢物及垃圾

(1) 危害及環境問題

(a) 拆建廢物及垃圾堆積於通道：

- 對工人影響：絆倒及被廢物壓下所傷。

(b) 拆建廢物及垃圾長期囤積滋生蟲鼠：

- 對工人影響：蟲鼠散播傳染病，如鼠疫；

- 對公眾影響：蟲鼠散播傳染病(如鼠疫)╱廢物發出異味。

■ 垃圾桶灑水系統

   (c) 大量拆建廢物傾倒於堆填區：

      • 對公眾影響：快速填滿堆填區造成環保問題。

(2) 危害控制

      • 避免建築材料、垃圾及拆建廢物長期堆積；

      • 將食物殘渣和垃圾妥善棄置於有蓋垃圾箱內，並須每日清倒；

■ 密封式垃圾糟

- 把廢物分類並實行循環再用及再造原則；
- 實行建築物料管理及環保採購；
- 採用環保建築方法如預製件及金屬模。

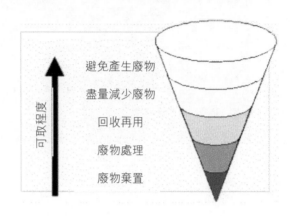

23.3.4 建築工地污水

(1) 危害及環境問題

(a) 地面積水：

- 對工人影響：容易滑倒；
- 對公眾影響：容易滑倒（如水流出工地外）。

(b) 積水（地面、輪胎、坑槽等）滋生蚊蟲：

- 對工人影響：蚊蟲傳播疾病，如登革熱及日本腦炎等；
- 對公眾影響：蚊蟲傳播疾病，如登革熱及日本腦炎等。

(c) 廢水泥漿排放到下水道。

- 對公眾影響：引致排水渠淤塞及污染水源。

(d) 化學品、油類、石油等排放到下水道：

- 對公眾影響：可能於渠中引起化學反應而造成危險／污染水體。

(2) 危害控制

- 經常巡視工地，如有發現積水，應即時清除；
- 蓋好容器、喉管及竹棚的竹端等容易積水的地方；

- 盡可能把水循環再用，如清洗車輛及測試喉管的水可重覆使用；

- 排出的污水要經過過濾隔走沙泥；

- 含有化學品的污水應由認可化學廢物收集商收集。

参考資料

(1) 噪音

- 《噪音管制條例》；

- 《噪音管制 (一般) 規例》；

- 《噪音管制條例簡介》(環境保護署)；

- 《工廠及工業經營 (工作噪音) 規例》；

- 《減低工業噪音的實用指南》(勞工處)。

(2) 空氣污染

- 《空氣污染管制條例》；

- 《空氣污染管制 (建造工程塵埃) 規例》；

- 《工廠及工業經營 (保護眼睛) 規例》。

(3) 固體廢物

- 《建造業減少廢物工地作業守則》(環境保護署、香港建造商會、香港地產建設商會)；

- 《廢物管理與處置－拆建廢物》(環境保護署)；

- 《工廠及工業經營 (石棉) 規例》。

(4) 污水

- 《水污染管制條例指南》(環境保護署)；

- 《水污染管制條例》。

(5) 化學廢物

- 《化學廢物產生者登記指引》(環境保護署)；

- 《廢物處置 (化學廢物) (一般) 規例》。

(6) 一般廢物管制

- 《建築地盤 (安全) 規例》；

- 《職業安全及健康規例》；

- 《公眾衛生及市政條例》。

24 工地座談會

24.1 簡介

要防止建造業意外發生，安全訓練是安全管理的重要工具，前線工友除了要接受基本建造業安全訓練外，還需要定期接受工地特性或特殊工種的安全知識訓練如工地座談會。

工地座談會一般以小組形式舉行。慣常的做法是管工對一小組直屬的工友作針對性的簡短安全訓練。

24.2 訓練

▶ 24.2.1 訓練員的資格及訓練

工地座談會訓練員可以是受過訓練的工頭、管工、地盤安全督導員或是資深的前線工友。訓練員應充分認識建造業常見的危害，有多年前線工作經驗，能理解工友面對的職安健問題。另外，熟練的教授及指導技巧亦是應具備的條件。因此，訓練員最好曾完成建造業安全督導員課程及職業安全及健康訓練員課程或同等課程。

▶ 24.2.2 時間、地點、人數

座談會以15分鐘為佳，亦可根據實際的情況，增加或縮短時間，以達到最佳效果。訓練的時間應以不影響工程進度及方便工友為原則，一般可安排於早上開工前，上午／下午休息時間或午飯後舉行。訓練對象應為同類工種的工人，人數則在10個左右為宜。地點必須是安全及舒適。操作中的機器附近，高空工作的下面，物料運輸的途徑皆不是合適的舉行地點。室內或者戶外有遮陰，通風良好及較為寧靜，沒有其他滋擾的地方是理想的，可供工地座談會之用。訓練者可因地制宜，如果地方備有簡單的桌椅和飲品，則更為理想。

▶ 24.2.3 取材

　　取材靈活是工地座談會的一大特色。揀選的課題應配合需要，例如響應自己地盤的安全推廣活動，配合新近引入的工序，工程的進度，檢討自己地盤或其他地盤新出現的意外，或有系統地針對地盤潛在的職安健問題，甚至為風雨季節或風高物燥的時候作出準備。除訓練套件外，訓練員可利用其他資料，如剪報、地盤安全通訊，以及來自職安局、勞工處或其他機構部門的書刊皆可以用來作為訓練材料。訓練員必須靈活揀選課題及內容。

▶ 24.2.4 工友參與

　　經驗豐富的訓練員，熟悉的小組形式，靈活的取材都是工地座談會能得到工友積極參與的客觀因素。訓練員在座談會進行時，應多鼓勵工友開懷討論，引導工友講述親身經歷，多問一些開放式的問題，如「你有否見過類似這個意外個案的情況？」、「你會怎樣操作同樣的機械設備以保障自己及其他工友的安全？」等。輕鬆親切的討論使每位參與的工友更能將討論得來的安全措施付諸於行動。

24.3 記錄及評核

▶ 24.3.1 記錄

　　一個良好的安全管理制度要求對各項安全訓練進行記錄，以方便統計和監察。輕鬆靈活的工地座談會是安全訓練計劃的一部分，完整的記錄是必須的。

▶ 24.3.2 評核

　　正式的訓練一般需要在課程完成後對學員進行評核。訓練員可按實際需要，決定是否需要進行工地座談會的評核。訓練員可在工友回答員工手冊內的是非題後加以評核訓練成效。訓練員可以用口頭提問的方式問全組工友。如時間許可的話，可在評核完畢由訓練員揭示答案，進行重點溫習。

▶ 24.3.3 解決難題

訓練員在工地座談會期間，遇到技術或資料上的難題，應參考手頭上備用資料。若問題仍未解決，訓練員應向工友承諾在找到答案之後再行公佈資料。其間訓練員便要收集資料或向有關專業人士或機構查詢，例如安全督導員、安全主任等。

參考資料

(1) 工地座談會系列訓練套件 (職業安全健康局)。

25 個人防護設備

25.1 簡介

從高處墮下及遭墮下物件撞擊是兩個重要的建築工地死亡意外類別。僱主在努力以工程方法來控制人體墮下和物件墮下的危害之餘，仍要考慮提供個人防護設備。工人必須配合，正確使用及保養這些保護着他們的最後防線。

25.2 安全帽

(1) 法例規定

根據《建築地盤(安全)規例》第48條規定，負責建築地盤的承建商須向受僱於建築地盤的每名工人提供適當安全帽，並須確保沒有配戴適當安全帽的工人不得逗留在地盤內。此外，任何人如沒有配戴合適的安全帽，亦不得進入建築地盤。

(2) 防護式構造

安全帽是透過下述方式吸收衝擊能量，以避免配戴者的頭部被墮下物件擊傷：

(a) 帽殼受撞擊時毀壞；

(b) 帽內頭箍伸張；

(c) 特別保護墊(如有提供)。

衝擊力亦會平均分佈在頭部的四周，從而減低頭部受傷的機會。

(3) 設計

(a) 安全帽主要由帽殼及頭箍構成。帽殼設有圍邊和帽舌，以增加對頭部的保護範圍。頭箍可調較至適合用者的頭型並將衝擊力分散，頭箍包括頭托，頭圍帶及頭後帶，有些頭箍加有汗帶(在前額以吸收汗水)及下頷帶(以將安全帽更緊繫於用者頭部)；

(b) 符合國際安全標準的安全帽必須通過以下特定的測試：

- 震盪力吸收試驗──以確定安全帽能吸收一定的震盪力；

- 穿透試驗──以確定安全帽可接受一定的尖銳物體插下時的能量；

- 易燃性試驗──以確定安全帽一定的防火能力。

(c) 安全帽的材料亦必須耐水，耐酸及非導電體，與使用者的皮膚接觸時不會有刺激性或皮膚敏感。頭箍與帽殼的內壁垂直間距，一般在25毫米到50毫米之間。而頭圍帶與帽殼內壁的水平距離，一般在5毫米到20毫米之間。

(4) 安全標準

(a) 安全帽應附有適當標記，以標示它符合的國際／國家標準，而製造廠一般會提供以下資料：

- 標準編號；

- 製造商的商號或標記；

- 製造年份和季節；

- 安全帽的種類（由個別製造廠定）；

- 安全帽的尺碼。

(b) 以下是合適安全帽的國際／國家標準：

- 中華人民共和國國家標準（GB 2811）；

- 美國國家標準（ANSI Z89.1）；

- 澳洲／新西蘭標準（AS/NZS 1801）；

- 加拿大標準（CSA Z94.1）；

- 歐盟標準（EN 397）；

- 國際標準（ISO 3873）；

- 日本工業標準（JIS T8131）；

- 新加坡標準（SS 98）。

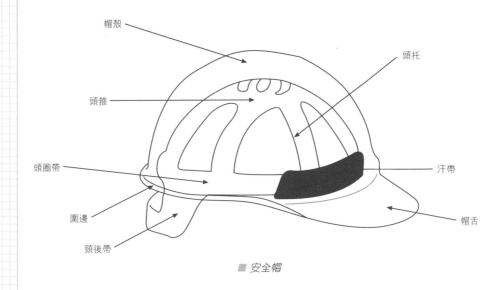

帽殼

頭托

頭箍

頭圈帶

汗帶

圍邊

帽舌

頸後帶

■ 安全帽

25.3 安全帶

若工人工作時，有從高處墮下的危險，僱主則要考慮提供適當及安全的工作平台，若不可行時才採用安全網及安全帶。

(1) 安全帶的分類

(a) 「安全帶」是一般的稱號，在實際用途上，它的分類有如下：

- 安全吊帶或稱全身式吊帶；
- 半身式或稱上身式吊帶；
- 拯救用吊帶；
- 定位式安全帶，柱上安全帶；
- 一般用途安全帶。

(b) 安全帶必須與懸掛繩適當繫穩後使用，以構成個人防墮系統。要有效地防止工人高空墮下受傷，應使用安全吊帶或稱全身式吊帶。

(2) 安全吊帶

(a) 安全吊帶是由束腰的股帶和肩帶組成。帶的各部分可調校至適合用者的體形,並備有調校裝置,吊帶可承托使用者的下胸腔,肩部及股部。用以連繫懸掛繩的"D"形環設於吊帶上端,當懸掛繩繫在繫穩點上或配合一條獨立救生繩及防下墮制動器使用時,可成為一套有效的防墮系統。

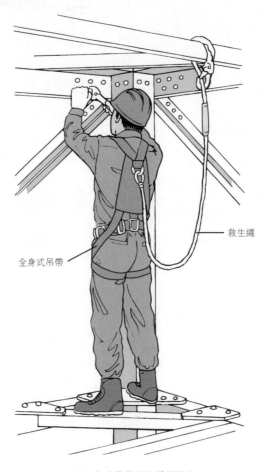

救生繩

全身式吊帶

■ 全身式吊帶接連繫穩點上

(b) 以下是符合一些國家標準的安全吊帶：

- 中華人民共和國國家標準(GB 720-65)；
- 美國國家標準協會(ANSI A10.14-1991)；
- 澳洲／新西蘭標準(AS/NZS 1891.1:1995)；
- 英國歐盟標準(BS EN 361:1992)。

(3) 其他非全身式安全帶

非全身式安全帶在使用者下墮時，只能承托他的部分身體，並不能確保下墮時免身體受傷。這些帶只有在特定情況下使用，例如定位式安全帶(環腰式)的設計，是適合電訊工在柱桿等結構物上工作，而非承接突然下墮的危險。個別國家(例如美國)已禁止非全身式安全帶作為防墮的用途。

(4) 固定繫穩物

繫穩物可以是一個固定錨樁或獨立救生繩連上防下墮制動器，繫穩物可以嵌入在穩固的有眼螺栓，不易變彎的樑架或建築物的直柱。在選擇繫穩點時應考慮這些結構或裝置能否承受突然下墮的震盪或衝力。

(5) 正確使用

(a) 每套安全帶附有製造商的說明書，列明裝配、調校、使用方法、正確收藏及保護程序。每次使用前應檢查整個裝備，若有欠妥或損壞應停止使用，並向負責人報告。

(b) 使用時要留意的事項如下：

- 依照製造商的指引配戴；
- 懸掛的彈簧應在使用者的腰部以上；
- 腰帶要緊扣着使用者的腰部；
- 系統應避免觸及酸性或鹼性液體及遠離火花或發熱物件；
- 切勿將多於一條的懸掛繩掛在一起；
- 提防懸掛繩繞着物體尖邊，可令懸掛繩被割斷；
- 使用者在到達安全地點時，才可將懸掛繩從繫穩點除下。

(6) 訓練

應向使用者，包括有經驗的工作人員，提供適當訓練。訓練內容包括：

(a) 裝備的資料及使用方法；

(b) 評估下墮距離可產生的最高攔阻力，將其限制至系統可接受水平；

(c) 配戴，調校及連接裝備的正確方法；

(d) 裝備的連接點，每個環節的效能和特性，包括彈簧鈎，D形環及其他連接物的尺碼，以作適當配合，以免系統鬆脫；

(e) 墮下後如何減少配戴者受傷的機會；

(f) 緊急搶救計劃及施行方法，包括：

- 搶救方法和步驟；

- 可協助的搶救人員；

- 可用以搶救的設備及召喚搶救人員的方法；

- 搶救人員進行搶救及其他支援的演習。

另外，還應保存一切訓練記錄，經常檢討訓練的內容及作出更新，每隔一段時間，安排使用者作重複訓練。

25.4 安全網

(1) 安全網

安全網較多用於金屬鋼架建築工程，它可將下墮工人承接，而不是一種防墮系統。所以工作時先要考慮能有效的防止工人墮下的方法。

(2) 分類

安全網一般分兩類：

(a) 物料安全網，網孔是介於12-19毫米之間，主要是承接高空墮下的物料。

(b) 人體下墮安全網，網孔約100毫米闊，安全網裝設的高度，應盡量貼近工人工作的地方。

(3) 安裝要點

下列是安裝人體下墮安全網的要點：

(a) 工人下墮的高度愈大，網的面積就越大；

(b) 安全網的位置與「工人工作高度」的距離應不大於6米。若安裝有距離「工人工作高度」為6米高的網，它的伸展闊度不得少於3.2米。

(c) 只能由合資格及有經驗的人士安裝安全網；

(d) 須依照製造商的指示安裝及保養；

(e) 掛網的周邊應能承受突然墮下的重力，防止下墮工人受傷。掛網的周圍還須有出口設計，可令墮下工人安全離開。

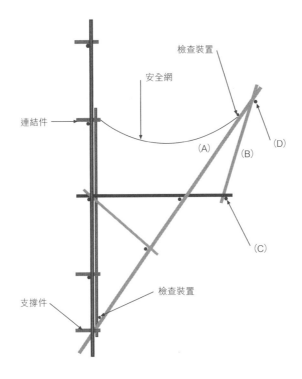

■ 由棚架向外伸展的安全網的典型佈置圖式

• 安全網及其支承構架繫於棚架結構上，而棚架結構則穩固地繫於建築物上。這個佈置方式也適用於直接繫於建築物上的安全網及其支承構架。

• 如僱主的設計師根據認可的工程原理以書面證明構件(A)在安全表現方面已有充分的結構強度，則可以略去構件(B)、(C)和(D)。

(4) 測試

若安全網已經安裝了很長時間，需要測試它的安全性。下列是要留意的測試要點：

(a) 每套安全網都設有多條短網線，以方便測試，網線的測試方法應依照製造商的指示進行，測試時間間隔一般不應超過三個月；

(b) 懸掛安全網的周邊應經過安全檢查，最少每星期一次；

(c) 所有測試或檢查，應有詳細記錄。

(5) 保養

保養安全網的要點如下：

(a) 留意並檢查有沒有化學性或機械性的物品破壞網的結構或穩固性；

(b) 不可將物料放在網上，並防止有人故意將物料拋入網中；

(c) 防止有「熱工序」在附近或有火屑或雜物墮落網中，影響網的性能。

25.5 安全鞋

(1) 構造

建造業使用的安全鞋應具有鋼片鞋底以保護配戴者的腳底免被地上的尖銳物件(例如：地上突出的釘子)刺傷；亦應具有鋼頭以保護腳趾免被下墮的物件壓傷。此外，安全鞋亦應具有防滑鞋底。

(2) 安全標準

以下是符合一些國家標準的安全鞋：

- 美國國家標準協會(ANSI Z41)；
- 澳洲／新西蘭標準(AS/NZS 2210)；
- 歐盟標準(EN345，EN346，EN347)；
- 日本標準(JIS T8101)；
- 加拿大標準(CSA Z195-M92)。

25.6 聽覺保護器

(1) **法例要求**

   根據《工廠及工業經營(工作噪音)規例》，僱主須提供經勞工處認可的聽覺保護器予僱員並確保他們在處身於聽覺保護區或高噪音機器／工具的指定距離內戴上。此外，當僱員操作槍彈推動打釘工具(俗稱石矢槍)時，僱主須提供聽覺保護器予僱員使用。

(2) **聽覺保護器的分類**

   聽覺保護器可分為耳罩及耳塞。

(3) **聽覺保護器的選擇**

   僱主應委任合資格人士進行噪音評估，並根據噪音水平及頻率，及因應實際工作情況選擇合適的聽覺保護器。

(4) **正確使用及保養**

   僱主應為僱員提供合適的訓練，教導僱員如何正確使用聽覺保護器。如使用耳罩或重複使用的耳塞，僱主亦應教導僱員如何正確保養它們。

25.7 呼吸防護器

(1) **法例要求**

   根據《工廠及工業經營(密閉空間)規例》及《工廠及工業經營(石棉)規例》，僱主須提供經勞工處認可的呼吸防護器予僱員使用。此外，建築地盤及石礦場滿佈微塵，僱主須提供合適的防塵口罩予僱員使用。

(2) **呼吸防護器的分類**

   呼吸防護器可分為過濾式及供氣式。

(3) **呼吸防護器的選擇**

   過濾式呼吸防護器只適用於控制低濃度的石棉或其他低毒性的微塵，並只可用於有足夠氧氣的工作環境。在氧氣濃度不足或含有高毒性污染物的環境中，就須使用供氣式呼吸防護器。

(4) 正確使用及保養

僱主應為僱員提供合適的訓練，教導僱員如何正確使用呼吸防護器。如使用重複使用的呼吸防護器，僱主亦應教導僱員如何正確保養它們。

25.8 護眼用具

(1) 法例要求

根據《工廠及工業經營（保護眼睛）規例》，僱主須提供符合經勞工處認可規格的護眼用具予僱員，並確保他們在進行指明工序時戴上。指明工序包括操作槍彈推動打釘工具（俗稱石矢槍），進行燒焊，或進行石頭切割，鑽孔，整修等。另外，使用砂輪或使用手工具而會產生碎片的工作亦應配戴護眼用具。

(2) 護眼用具的分類

護眼用具包括眼罩、面盔、眼鏡及面罩。

(3) 護眼用具的選擇

不同的護眼用具有不同的保護功能，僱主應按實際需要作選擇，例如：操作石矢槍須使用防物件撞擊的護眼用具，而進行燒焊時就須使用防輻射的護眼用具。

(4) 正確使用及保養

僱主應為僱員提供合適的訓練，教導僱員如何正確使用及保養護眼用具。

25.9 保護衣物

(1) 保護衣物的分類

保護衣物包括有防化學品、防微生物污染、防刺穿、防輻射、防靜電及高能見度等設計功能。

(2) 保護衣物的選擇

僱主應根據危害及其風險選擇合適的保護衣物。建造業內用的保護衣物包括反光衣（馬路邊或在移動機器附近工作等情況下使用）、隔熱圍裙（燒

焊時使用)及救生衣(近水建造工程時使用)等。

(3) 正確使用及保養

　　僱主應為僱員提供合適的訓練,教導僱員如何正確使用及保養保護衣物。

25.10　防護手套

(1) 防護手套的分類

　　防護手套包括有防化學品、防微生物污染、防刺穿、防震及絕緣等設計功能。

(2) 防護手套的選擇

　　僱主應根據危害及其風險選擇合適的防護手套。在建造業內,較常見的防護手套包括有棉手套(吸汗以防滑手、避免手部被磨損等一般性功能)、電絕緣手套(防觸電,電焊時使用)、皮手套(防輕微切割,紮鐵等工序使用)、隔熱手套(防灼傷手部,燒焊時使用)、防化學品手套(處理化學品如油漆時使用)及防震手套(操作震動機器如風炮時使用)等。

(3) 正確使用及保養

　　僱主應為僱員提供合適的訓練,教導僱員如何正確使用及保養防護手套。

參考資料

　(1)《安全帽的揀選、使用及保養指南》(勞工處);

　(2)《安全帶及其繫穩系統的分類與使用指南》(勞工處);

　(3)《工廠及工業經營(工作噪音)規例指南》(勞工處);

　(4)《石棉工作的安全與健康工作守則》(勞工處);

　(5)《密閉空間工作的安全與健康工作守則》(勞工處);

　(6)《工作安全個人防護裝備簡介》(勞工處);

　(7)《個人防護用具須知》(職業安全健康局)。

1 聽覺保護器

下列為直至2004年7月31日止已獲勞工處處長根據《工廠及工業經營(工作噪音)規例》認可的聽覺保護器型號,讀者可不時向勞工處查詢最新的認可型號名單。

- 3M 1100 型耳塞
- 3M 1110 型耳塞
- 3M 1200 型耳塞
- 3M 1210 型耳塞
- 3M 1220 型耳塞
- 3M 1230 型耳塞
- 3M 1400 型耳罩
- 3M 1410 型耳塞
- 3M 1420 型耳塞
- 3M 1450 裝配於頭盔耳罩
- 3M Brand #1240 型Reusable 耳塞
- 3M Brand #1250 型Reusable 耳塞
- 3M Brand #1260 型Reusable 耳塞
- 3M Brand #1270 型Reusable 耳塞
- 3M Brand #1425 型Reusable 耳罩
- AO 1720 耳罩
- AO 1776K 裝配於頭盔耳罩
- AO Hear - Guard 耳塞
- AO Quiet Tip 耳塞
- AO Sound Out 耳道帽

- Baltic S41 耳罩
- Baltic S41C 耳罩
- Baltic S41E 耳罩
- Bilsom 202 耳塞
- Bilsom 203 耳塞
- Bilsom 303 耳塞
- Bilsom 304 耳塞
- Bilsom 715 Foldable 耳罩
- Bilsom 717 耳罩
- Bilsom 718 Helmet 耳罩
- Bilsom 727 耳罩
- Bilsom 728 Helmet 耳罩
- Bilsom 737 Special Ear Muff with liquid-filled cushions
- Bilsom 747 耳罩
- Bilsom Down 耳塞
- Bilsom ECO 耳塞
- Bilsom Form 耳塞
- Bilsom Perfit 耳塞
- Bilsom Perfit Detectors 耳塞

- Bilsom Perflex 耳塞
- Bilsom Perflex Detectors 耳塞
- Bilsom P.O.P. 耳塞
- Bilsom Quietzone 耳塞
- Bilsom Soft 耳塞
- Bilsom Ultra Soft 耳塞
- Bilsom Whisper 耳塞
- Bilsom Blue 耳罩
- Bilsom Comfort 耳罩
- Bilsom Compact 耳罩
- Bilsom Com Impact 耳罩
- Bilsom Green 耳罩
- Bilsom Impact Viking 耳罩
- Bilsom Loton 耳罩
- Bilsom Marksman-Pro 耳罩
- Bilsom Pocket 耳罩
- Bilsom Special 耳罩
- Bilsom Viking 耳罩
- Bilsom Blue 裝配於頭盔耳罩
- Bilsom Comfort 裝配於頭盔耳罩
- Bilsom Guard 裝配於頭盔耳罩
- Bilsom Viking 裝配於頭盔耳罩
- Bilsom 202S/202L
- Bilsom 203S/203L
- Bilsom 303S/303L
- Bilsom 304S/304L
- Bilsom 556S 耳塞
- Bilsom 556L 耳塞
- Bilsom 555S 耳塞
- Bilsom 555L 耳塞
- Centurion 裝配於頭盔S41型耳罩
- Centurion S65 耳罩
- Centurion S66 耳罩
- Centurion S67 耳罩
- Centurion S68 耳罩
- CIGWELD Noise Ban 耳道帽
- CIGWELD Silenta Sport Mil 耳罩
- CIGWELD Silencer 耳罩
- CIGWELD Silenta Super-Mil 耳罩
- CIGWELD Silenta Bel II 耳罩
- CIGWELD Silenta Mil 耳罩
- CIGWELD Silenta Ergo 耳罩
- CIGWELD Silenta Ergo II 耳罩
- CIGWELD Silenta Universal 耳罩
- CIGWELD Silenta Super 耳罩
- CIGWELD Silenta Universal 裝配於頭盔耳罩
- CIGWELD Silenta Super 裝配於頭盔耳罩
- CIGWELD Air Soft 耳塞
- CIGWELD QB2 耳道帽
- CIGWELD Max-1 耳塞

- David Clark Straightaway 10A 耳罩
- David Clark Straightaway 27 耳罩
- David Clark Straightaway 310 耳罩
- David Clark Straightaway 320 耳罩
- David Clark Straightaway 705 耳罩
- David Clark Straightaway 730 耳罩
- David Clark Straightaway 731 耳罩
- David Clark Straightaway 732 耳罩
- David Clark Straightaway 805 耳罩
- David Clark Straightaway 805V 耳罩
- David Clark Straightaway 850 耳罩
- EAR 耳道帽
- EAR Caboflex Model 600 型泡耳塞
- EAR E Z Fit 泡耳塞
- EAR 耳塞
- EAR Express Pod 耳塞
- EAR Taperfit 泡耳塞
- EAR Taperfit 2 泡耳塞
- EAR Tracers 耳塞
- EAR Ultrafit 耳塞
- EAR 820 型耳罩
- EAR 1000 型耳罩
- EAR 3000 型耳罩
- EAR Ultra 9000 耳罩
- E-A-R Classic 耳塞
- E-A-R Amigo 耳塞
- E-A-R Grande 耳塞
- E-A-R ReFlex Semi-Insert 聽覺保護器
- E-A-R Ultra Tech 耳塞
- E-A-R 820 耳罩
- E-A-R 2000H 裝配於頭盔耳罩
- Earguard 204 耳罩
- Earguard 258 耳罩
- Earguard 290 耳罩
- Earguard 304 耳罩
- Earguard 970 耳罩
- Eastern 509 耳塞
- Eastern 510 耳塞
- Eastern 510-2 耳罩
- Eastern 511 耳罩
- Eastern 512 耳塞
- Eastern 513 耳塞
- Eastern 986 耳塞
- Eastern 987 耳塞
- Fibre Metal 2011 耳罩
- Hellberg Mark 8-K 耳罩
- Hellberg Mark 10-K 耳罩
- Hellberg Mark 12-K 耳罩
- Hellberg Mark 8 耳罩
- Hellberg Mark 10 耳罩
- Hellberg Mark 12 耳罩

- Howard Leight Max 耳塞
- Howard Leight Max-Lite 耳塞
- Howard Leight Laser-Lite 耳塞
- Howard Leight Quiet 耳塞
- Howard Leight Airsoft 耳塞
- Howard Leight QB 2 耳塞
- Howard Leight QB 3 耳道帽
- Howard Leight LM-77 耳罩
- Howard Leight LM-7 耳罩
- Howard Leight LM-7H 裝配於頭盔耳罩
- Howard Leight QM-29 耳罩
- Howard Leight QM-24 耳罩
- Howard Leight AS-30W 耳塞
- Howard Leight LL-1/LL-30 耳塞
- Howard Leight MAX-1/MAX-30 耳塞
- Howard Leight LPF-1/LPF-30 耳塞
- Howard Leight LM-77 耳罩
- Howard Leight OM-77 耳罩 (for ear muff only)
- Howard Leight QM-24 耳罩
- Howard Leight QM-29 耳罩
- Howard Leight QDI 耳塞
- Howard Leight QB3 耳帶
- Howard Leight LT-30 耳塞

- Howard Leight LASER TRAK LT-30
- Howard Leight D-TEK DT-30
- Invincible Mk II 裝配於頭盔耳罩
- JSP Big Blue
- JSP Brooklands
- JSP Donnington
- JSP E Muff
- JSP Economuff
- JSP Goodwood
- JSP J Muff
- JSP Le Mans
- JSP Monaco
- JSP Monza
- JSP Siverstone
- JSP Thurxton
- Mine Ear Defenders 耳塞
- Mine Ear Defenders II 耳塞
- Mine Accu-Fit 耳塞
- Mine Noisefoe Mark II 耳罩
- Mine Noisefoe Mark IV 耳罩
- Mine Noisefoe Mark IV MC 耳罩
- Mine Noisefoe Mark V 耳罩
- Mine Comfo 500 耳罩
- Moldex 6500 Pura-Band 耳塞
- Moldex 6800/6900 Pura-Fit 耳塞
- North Comfit 耳塞

- North Decidamp 耳塞
- North Peacekeeper 耳塞
- North Silent Band-It 耳塞
- North Silent Partner 耳塞
- North Sonic Ear Valve 耳塞
- Peltor H10A 耳罩
- Peltor H10B 耳罩
- Peltor H10P3E 耳罩
- Peltor H9A 耳罩
- Peltor H9B 耳罩
- Peltor H9P3E 耳罩
- Peltor H7A 耳罩
- Peltor H7B 耳罩
- Peltor H7F 耳罩
- Peltor H7P3E 耳罩
- Peltor H6A/V 耳罩
- Peltor H6F/V 耳罩
- Peltor H6P3E/V 耳罩
- Peltor H6B/V 耳罩
- Peltor H3A 耳罩
- Peltor H3P3E 耳罩
- Primex Airsoft 耳塞
- Protector Safety EP 29 耳塞
- Protector Safety EP 35 耳塞
- Protector Safety EML 10 耳罩
- Protector Safety EMM 11 耳罩
- Protector Safety EMH 12 耳罩
- Protector Safety EMU 44P 耳罩
- Protector Safety EML 45 耳罩
- Protector Safety EMLU 47 耳罩
- Protector Safety EMCC 50 裝配於頭盔耳罩
- Protector Safety EM 54 裝配於頭盔耳罩
- Protector Safety EMLU 60 耳罩
- Protector Safety EMM 71 裝配於頭盔耳罩
- Protector EM300 耳罩
- Protector EM301 耳罩
- Protector EM302 耳罩
- Racal Airsoft 耳塞
- Racal DBA 耳塞
- Racal QB2 耳塞
- Racal Auralgard 3 耳罩
- Racal Sonogard 耳罩
- Racal Sonomuff 耳罩
- Racal Supamuff 耳罩
- Racal Ultramuff 2 耳罩
- Racal Classic 1 耳罩
- Racal Classic 2 耳罩
- Racal Classic 3 耳罩
- Silenta Bella 耳罩

- Silenta Bel II 耳罩
- Silenta Ergo II 耳罩
- Silenta Mil 耳罩
- Silenta Super 耳罩
- Silenta Sportmil 耳罩
- Silenta Supermil 耳罩
- Silenta Universal 耳罩
- Silenta Universal LT
- Silenta Supermax
- Silenta Supermil 耳道帽
- Silenta Sportmil 2001
- Silenta Sportmilcap Plus 耳道帽
- Silenta Ergomax
- Silenta Ergomax 耳道帽
- Soniclip Helmet Mounted 耳罩
- Stephens-Itex Monarch E15 耳罩
- Stephens-Itex Muffler 1 耳罩
- Tasco H-1 Inserts 耳塞
- Tasco RD-1 Safety Cones 耳塞
- Tasco Swivel Band Ear Cap
- Tasco T-2 Slimline 耳罩
- Tasco T-100 耳道帽
- Tasco T-250 耳罩
- Tasco T-275 耳罩
- Tasco T-1000 裝配於頭盔耳罩
- Tasco T-2000 裝配於頭盔耳罩
- Tasco Tri-Fit 耳塞
- Tasco Tri-Guard 耳塞
- Takeda Untone 耳塞
- Uvex dB ex 2300+ 耳罩
- Uvex dB ex 2500+ 耳罩
- Uvex dB ex 2800+ 耳罩
- Willson #10 Sound Ban 耳塞
- Willson #20 Sound Ban 耳塞
- Willson Sound Silencer EP100 耳塞
- Willson Sound Silencer EP101 耳塞
- Willson Sound Barrier Model 155 耳罩
- Willson Sound Barrier Model 155A 耳罩
- Willson Sound Barrier Model 351 耳罩
- Willson Sound Barrier Model 351A 耳罩
- Willson Sound Barrier Model 358A 耳罩
- Willson Sound Barrier Model 365 耳罩
- Willson Sound Barrier Model 365A 耳罩
- Willson Sound Barrier Model 381 耳罩

- Willson Sound Barrier Model 381A 耳罩
- Willson Sound Barrier Model 390 耳罩
- Willson Sound Barrier Model 390A 耳罩
- Willson Sound Barrier II Model 665 耳罩
- Willson Sound Barrier II Model 665A 耳罩
- Willson Sound Barrier II Model 690 耳罩
- Elvex Quattro Earplug EP401, EP402, EP411, EP412
- Elvex ValueMuff HB25
- Elvex MaxiMuff HB35
- 無敵仕Rockets-6400, 6405,6415
- 無敵仕JazzBand 6506
- 無敵仕Sparkplugs 6604, 6606, 6644, 6645, 6654, 6656
- 3M 1120 柔軟型彈性耳塞
- 3M 1130 柔軟型彈性耳塞(帶線)

2 護眼用具

　　下列為直至2004年7月31日止已獲勞工處處長根據《工廠及工業經營(保護眼睛)規例》認可的護眼用具規格，讀者可不時向勞工處查詢最新的認可規格名單。

(1) 英國標準規格BS 2092

　　一般用途的工業護眼用具

(2) 英國標準規格BS 1542

　　焊接及類似工作中防輻射的護眼及護頸用具

(3) 英國標準規格BS 679

　　焊接及類似工作中採用的濾光用具

(4) 英國標準規格BS 1729

　　鋼鐵工程中採用的綠色保護性眼鏡及屏障

(5) 澳洲標準規格AS 1337

　　工業護眼用具

(6) 澳洲標準規格AS 1338

　　焊接及有關工作中防輻射傷及眼睛的濾光用具

(7) 美國國家標準規定ANSI Z87.1-1986

美國國家在職業及教育上對保護眼及面所採用的標準守則

(8) 德國工業標準規格DIN 58210 及 DIN 58211

保護性眼罩

(9) 澳洲／新西蘭標準 (AS/NZS 1337:1992)

工業上應用的護眼用具

(10) 澳洲／新西蘭標準 (AS/NZS 1338.1:1992)

護眼用具中的濾光用具 — 防止焊接及相關工作中產生的輻射的濾光用具

(11) 澳洲／新西蘭標準 (AS/NZS 1338.3:1992)

護眼用具中的濾光用具 — 防止紅外線的濾光用具

(12) 美國國家標準 (美國國家標準協會，ANSI Z87.1-1989)

在職業及教育上對保護眼及面所採用的守則

(13) 美國國家標準 (美國國家標準協會，ANSI Z136.1-1993)

激光的安全使用規定

(14) 英國歐盟標準 (BS EN 166:1996)

個人眼睛保護 — 規格

(15) 歐盟標準 (EN 166:1995)

個人眼睛保護 — 規格

(16) 英國歐盟標準 (BS EN 169:1992)

焊接及類似工作中採用的個人護眼裝備的濾光用具

(17) 歐盟標準 (EN 169:1992)

個人眼睛保護 - 焊接及相關技術上所採用的濾光用具 — 透光度要求及
建議使用方法

(18) 英國歐盟標準 (BS EN 171:1992)

個人護眼裝備上所使用之紅外線濾光用具

(19) 歐盟標準 (EN 171:1992)

個人眼睛保護 — 紅外線濾光用具 - 透光度要求及建議使用方法

⑳ 英國歐盟標準 (BS EN 175:1997)

個人保護 — 在焊接及相關工序中採用的護眼及護面裝備

㉑ 歐盟標準 (EN 175:1997)

個人保護 — 在焊接及相關工序中採用的護眼及護面裝備

㉒ 英國歐盟標準 (BS EN 207:1994)

用以防止激光傷及個人眼睛之濾光用具及裝備

㉓ 歐盟標準 (EN 207:1998)

個人眼睛保護 — 防止激光輻射之濾光用具及護眼用具

㉔ 英國歐盟標準 (BS EN 208:1994)

使用於調校激光及激光系統之個人護眼用具

㉕ 歐盟標準 (EN 208:1998)

個人眼睛保護 — 使用於調校激光及激光系統之護眼用具(用於調校雷射光之護眼用具)

㉖ 英國歐盟標準 (BS EN 379:1994)

可轉變透光度之焊接濾光用具及雙段式透光度之焊接濾光用具

㉗ 歐盟標準 (EN 379:1994)

可轉變透光度之焊接濾光用具及雙段式透光度之焊接濾光用具

㉘ 日本工業標準 (JIS T 8141:1980)

防輻射的護眼用具

㉙ 日本工業標準 (JIS T 8147:1994)

護眼用具

3 安全帽

下列為安全帽的常用國家安全標準，讀者可作參考。

(1) 中華人民共和國 GB 2811

(2) 美國 ANSI Z89.1

(3) 澳紐 AS/NZS 1801

(4) 歐盟 EN 397

(5) 日本 JIS T 8131

(6) 加拿大 CSA Z94.1

4 安全鞋

下列為安全鞋的常用國家安全標準，讀者可作參考。

(1) 美國 ANSI Z41

(2) 澳紐 AS/NZS 2210

(3) 歐盟 EN 345; EN 346; EN 347

(4) 日本 JIS T 8101

(5) 加拿大 CSA Z 195-M92

5 呼吸防護設備 — 石棉工序專用

下列為直至2004年7月31日止已獲勞工處處長根據《工廠及工業經營(石棉)規例》認可的呼吸防護設備型號，讀者可不時向勞工處查詢最新的認可型號名單。

▶ 5.1 單次棄用的半面式粒子過濾呼吸器

編號	呼吸防護設備類別	生產商
A1.	Type 6988 disposable respirator	3M United Kingdom PLC 3M House, Bracknell Berkshire RG12 1JU England
A2.	Type 8810 disposable respirator	3M United Kingdom PLC 3M House, Bracknell Berkshire RG12 1JU England
A3.	Type 9920 disposable respirator	3M United Kingdom PLC 3M House, Bracknell Berkshire RG 12 1JU England
A4.	Type 999 disposable respirator	Martindale Protection Ltd Neasden Lane London NW10 1RN

▶ 5.2 半面式粒子過濾 (過濾盒) 呼吸器

編號	呼吸防護設備類別	生產商
B1.	3M 6100 (small) facepiece with 2040 HEPA filter	3M, St Paul Minnesota USA
B2.	3M 6100 (small) facepiece with 2046A HEPA filter	3M, St Paul Minnesota USA
B3.	3M 6100 (small) facepiece with 2047 HEPA filter	3M, St Paul Minnesota USA

編號	呼吸防護設備類別	生產商
B4.	3M 6100 (small) acepiece with 6001 cartridge (organic vapor), 502 prefilter adapter and 2040 HEPA filter	3M, St Paul Minnesota USA
B5.	3M 6100 (small) facepiece with 6002 cartridge (acid gas), 502 prefilter adapter and 2040 HEPA filter	3M, St Paul Minnesota USA
B6.	3M 6100 (small) facepiece with 6003 cartridge (organic vapor/acid gas), 502 prefilter adapter and 2040 HEPA filter	3M, St Paul Minnesota USA
B7.	3M 6100 (small) facepiece with 6004 cartridge (ammonia/methylamine), 502 prefilter adapter and 2040 HEPA filter	3M, St Paul Minnesota USA
B8.	3M 6100 (small) facepiece with 6005 cartridge (formaldehyde), 502 prefilter adapter and 2040 HEPA filter	3M, St Paul Minnesota USA
B9.	3M 6200 (medium) facepiece with 2040 HEPA filter	3M, St Paul Minnesota USA
B10.	3M 6200 (medium) facepiece with 2046A HEPA filter	3M, St Paul Minnesota USA
B11.	3M 6200 (medium) facepiece with 2047 HEPA filter	3M, St Paul Minnesota USA
B12.	3M 6200 (medium) facepiece with 6001 cartridge (organic vapor), 502 prefilter adapter and 2040 HEPA filter	3M, St Paul Minnesota USA
B13.	3M 6200 (medium) facepiece with 6002 cartridge (acid gas), 502 prefilter adapter and 2040 HEPA filter	3M, St Paul Minnesota USA

編號	呼吸防護設備類別	生產商
B14.	3M 6200 (medium) facepiece with 6003 cartridge (organic vapor/acid gas), 502 prefilter adapter and 2040 HEPA filter	3M, St Paul Minnesota USA
B15.	3M 6200 (medium) facepiece with 6004 cartridge (ammonia/methylamine), 502 prefilter adapter and 2040 HEPA filter	3M, St Paul Minnesota USA
B16.	3M 6200 (medium) facepiece with 6005 cartridge (formaldehyde), 502 prefilter adapter and 2040HEPA filter	3M, St Paul Minnesota USA
B17.	3M 6300 (large) facepiece with 2040 HEPA filter	3M, St Paul Minnesota, USA
B18.	3M 6300 (large) facepiece with 2046A HEPA filter	3M, St Paul Minnesota, USA
B19.	3M 6300 (large) facepiece with 2047 HEPA filter	3M, St Paul Minnesota USA
B20.	3M 6300 (large) facepiece with 6001 cartridge (organic vapor), 502 prefilter adapter and 2040 HEPA filter	3M, St Paul Minnesota USA
B21.	3M 6300 (large) facepiece with 6002 cartridge (acid gas), 502 prefilter adapter and 2040 HEPA filter	3M, St Paul Minnesota USA
B22.	3M 6300 (large) facepiece with 6003 cartridge (organic vapor/acid gas), 502 prefilter adapter and 2040 HEPA filter	3M, St Paul Minnesota USA
B23.	3M 6300 (large) facepiece with 6004 cartridge (ammonia/methylamine), 502 prefilter adapter and 2040 HEPA filter	3M, St Paul Minnesota USA

編號	呼吸防護設備類別	生產商
B24.	3M 6300 (large) facepiece with 6005 cartridge (formaldehyde), 502 prefilter adapter and 2040HEPA filter	3M, St Paul Minnesota USA
B25.	Easi-Air 7100, 7200, 7300, 7100S, 7200S or 7300S half facepiece fitted with 7281 harness assembly, two 9286 adaptor assemblies and two 2040 high efficiency filters	3M, St Paul Minnesota 55144-1000 USA
B26.	Type 7200 half mask fitted with type 7255 high efficiency filter	3M, St Paul Minnesota 55144-1000 USA
B27.	Type 7300 half mask fitted with type 7255 high efficiency filter	3M, St Paul Minnesota 55144-1000 USA
B28.	Type R4051HE, R5051HE and R6051HE half mask respirators with type R51HE filter cartridges	American Optical Corporation 14 Mechanic Street Southbridge, MA 01550 USA
B29.	Type R4052HE, R5052HE and R6052HE half mask respirators with type R52HE filter cartridges	American Optical Corporation 14 Mechanic Street Southbridge, MA 01550 USA
B30.	Type R4053HE, R5053HE and R6053HE half mask respirators with type R53HE filter cartridges	American Optical Corporation 14 Mechanic Street Southbridge, MA 01550 USA

編號	呼吸防護設備類別	生產商
B31.	Type R4054HE, R5054HE and R6054HE half mask respirators with type R54HE filter cartridges	American Optical Corporation 14 Mechanic Street Southbridge, MA 01550 USA
B32.	Type R4057A, R5057A and R6057A half mask respirators with type R57A filters	American Optical Corporation 14 Mechanic Street Southbridge, MA 01550 USA
B33.	Purair single filter dust respirator fitted with one type B (BS2091) filter cartridge	Chapman and Smith Ltd Safir Works, Fast Hoathly Nr. Lewes Sussex BN8 6EW
B34.	Safir DM662 half mask single filter dust respirator R204 & R207 fitted with one type B (BS2091) filter cartridge	Chapman and Smith Ltd Safir Works, Fast Hoathly Nr. Lewes Sussex BN8 6EW
B35.	Safir DM662 half mask twin filter dust respirator R210 or R212 fitted with two type B (BS2091) filter cartridges	Chapman and Smith Ltd Safir Works, Fast Hoathly Nr. Lewes Sussex BN8 6EW
B36.	Safirmatic single filter respirator fitted with one type B (BS2091) filter cartridge	Chapman and Smith Ltd Safir Works, Fast Hoathly Nr. Lewes Sussex BN8 6EW
B37.	Martindale type T, type U, type X and type Y single filter dust respirator fitted with one type B (BS2091) dust filter cartridge	Martindale Protection Ltd Neasden Lane London NW10 1RN

編號	呼吸防護設備類別	生產商
B38.	Martindale type W twin filter dust respirator fitted with two type B (BS2091) filter cartridges	Martindale Protection Ltd Neasden Lane London NW10 1RN
B39.	7780L Half-mask Respirator fitted with 7700-30L facepiece and N7500-8 filter	North Safety Equipment 2000 Plainfield Pike Cranston RI 02920 USA
B40.	7780M Half-mask Respirator fitted with 7700-30M facepiece and N7500-8 filter	North Safety Equipment 2000 Plainfield Pike, Cranston RI 02920 USA
B41.	7780S Half-mask Respirator fitted with 7700-30S facepiece and N7500-8 filter	North Safety Equipment 2000 Plainfield Pike, Cranston RI 02920 USA
B42.	Dust respirator RQ2000 fitted with two RC86type B or RC86M filter cartridges and two RX-EVC exhalation valve assemblies	Protector Safety Pty Ltd 137, McCredie Road Guildford NSW 2161 Australia
B43.	Dust respirators of models R100, RQ100, R1000and RQ1000 fitted with one RC54 type B or RC54M filter cartridge and RX-EVC exhalation valve assemblies	Protector Safety Pty Ltd 137, McCredie Road Guildford NSW 2161 Australia
B44.	Dust respirators of models R2000, RQ2000 fitted with two RC54 type B or RC54M, or two RC74type B or RC74M filter cartridges and two RX-EVC exhalation valve assemblies	Protector Safety Pty Ltd 137, McCredie Road Guildford NSW 2161 Australia

編號	呼吸防護設備類別	生產商
B45.	Chubb half mask dust respirator type 300 code number 3001775.0 or 3001775.2 fitted with one encapsulated filter cartridge code number4001777.0	Racal Panorama Ltd Christie Place Industrial Estate Bognor Regis West Sussex, P022 9RT United Kingdom
B46.	Polimask 100/2 facepiece twin filter dust respirator fitted with two 200/P2 filters	Sekur-Pirelli Spa Via di Torrespaccata 140-00169, Rome Italy
B47.	Polimask 200 single filter dust respirator fitted with one type 200 filter cartridge	Sekur-Pirelli Spa Via di Torrespaccata 140-00169, Rome Italy
B48.	Polimask 200/2 half mask twin filter dust respirator fitted with two type 200 filter cartridges	Sekur-Pirelli Spa Via di Torrespaccata 140-00169, Rome Italy
B49.	3M facepiece (6100, 6200 or 6300) with P-100 particulate filter (2091, 2096, 2097 or 7093)	3M Company 3M Centre, St. Paul, Minnesota 55144, USA
B50.	3M facepiece (6100, 6200 or 6300) with gas vapour cartridge (6001, 6002, 6003, 6004, 6005, 6006 or 6009), prefilter adaptor (502) and P-100 particulate filter (2091 or 7093)	3M Company 3M Centre, St. Paul, Minnesota 55144, USA
B51.	3M facepiece (7100, 7200 , 7300, 7100S, 7200S or 7300S) with P-100 particulate filter (7090) and retainer (7288)	3M Company 3M Centre, St. Paul, Minnesota 55144, USA

編號	呼吸防護設備類別	生產商
B52.	3M facepiece (7100, 7200, 7300, 7100S, 7200S or 7300S) with gas vapour cartridge (7251, 7252, 7253, 7254, 7275 or 7276), P-100 particulate filter (7090) and retainer (7287)	3M Company 3M Centre, St. Paul, Minnesota 55144, USA
B53.	Moldex 8000 series respirators with combination of the following: -Facepiece : 8001, 8002 or 8003, Filter : 8940 or 8990, and/or Cartridge: 8100, 8200, 8300, 8400, 8500 or 8600.	Moldex-Metric, Inc., 10111 West Jefferson Boulevard, Culver City, CA 90232, USA
B54.	3M drop down design facepiece (6100DD, 6200DD or 6300DD) with P-100 particulate filter (2091, 2096, 2097 or 7093)	3M Company 3M Centre, St. Paul, Minnesota 55144, USA
B55.	3M drop down design facepiece (6100DD, 6200DD or 6300DD) with gas vapour cartridge (6001, 6002, 6003, 6004, 6005, 6006 or 6009), and prefilter adaptor (502) and P-100 particulate filter (2091 or 7093)	3M Company 3M Centre, St. Paul, Minnesota 55144, USA
B56.	Willson 6100V-S/M/L half face mask with Willson P100 HEPA filter	Bacou-Dalloz 63 bis boulevard Bessieres 75017 Paris, France
B57.	Willson 6100V-S/M/L half face maskwith Willson LP100 HEPA filter	Bacou-Dalloz 63 bis boulevard Bessieres 75017 Paris, France
B58.	3M 半面式面罩, 矽膠 (7501、7502 或 7503) 配以氣體過濾器 (6001、6002、6003、6004、6005、6006 或 6009) 及過濾器式配接頭 (502) 及P100 型微粒過濾器 (2091, 7093)	3M St. Paul MN 55144-1000 USA
B59.	3M半面式面罩, 矽膠 (7501、7502 或 7503) 配以 P100 型微粒過濾器 (2091、2096、2097 或7093)	3M St. Paul MN 55144-1000 USA

▶ 5.3 全面式粒子過濾 (過濾盒) 呼吸器

編號	呼吸防護設備類別	生產商
C1.	Easi-Air 7800 full facepiece fitted with 7255 high efficiency filter	3M, St Paul Minnesota 55144-1000 USA
C2.	Easi-Air 7800 or 7800S full facepiece fitted with two 9891 adaptor assemblies and two 2040 high efficiency filters	3M, St Paul Minnesota 55144-1000 USA
C3.	Type R7051HE full facepiece respirator with type R51HE filter cartridges	American Optical Corporation 14 Mechanic Street Southbridge, MA 01550 USA
C4.	Type R7052HE full facepiece respirator with type R52HE filter cartridges	American Optical Corporation 14 Mechanic Street Southbridge, MA 01550 USA
C5.	Type R7053HE full facepiece respirator with type R53HE filter cartridges	American Optical Corporation 14 Mechanic Street Southbridge, MA 01550 USA
C6.	Type R7054HE full facepiece respirator with type R54HE filter cartridges	American Optical Corporation 14 Mechanic Street Southbridge, MA 01550 USA
C7.	Type R7057A full facepiece respirator with type R57A filters	American Optical Corporation 14 Mechanic Street Southbridge, MA 01550 USA
C8.	Martindale High Efficiency Dust Respirator incorporating a full facepiece and fitted with one high efficiency dust filter part number PF 101	Martindale Protection Ltd Neasden Lane London NW10 1RN

編號	呼吸防護設備類別	生產商
C9.	Sabre Supavisor full facemask high efficiency dust respirator fitted with one type 40A or one type 40A-S dust canister	Sabre Safety Ltd Ash Road, Aldershot Hampshire, GU12 4DE
C10.	Pirelli C607 full facemask respirator fitted with one 975 P3 high efficiency filter	Sekur-Pirelli Spa Via di Torrespaccata 140-00169, Rome, Italy
C11.	Pirelli C607 full facemask respirator fitted with one 1003 P3 high efficiency filter	Sekur-Pirelli Spa Via di Torrespaccata 140-00169, Rome, Italy
C12.	Pirelli C607 twin full facepiece fitted with two200/P2 filters	Sekur-Pirelli Spa Via di Torrespaccata 140-00169, Rome, Italy
C13.	Omni-Star full facepiece respirator (part no. 52000) fitted with R57B cartridge, R51HE cartridge, R52HE cartridge or R53HE cartridge	Cabot Safety Corporation, 5457 West 79th Street, Indianapolis, IN 46268, USA
C14.	3M facepiece (6700, 6800 or 6900) with P-100 particulate filter (2091, 2096, 2097 or 7093)	3M Company3M Centre, St. Paul, Minnesota 55144, USA
C15.	3M facepiece (6700, 6800 or 6900) with gas vapour cartridge (6001, 6002, 6003, 6004, 6005, 6006 or 6009), prefilter adaptor (502) and P-100 particulate filter (2091 or 7093)	3M Company3M Centre, St. Paul, Minnesota 55144, USA
C16.	3M facepiece (7800S (medium) or 7800S (large)) with P-100 particulate filter (7090) and retainer (7288)	3M Company3M Centre, St. Paul, Minnesota 55144, USA
C17.	3M facepiece (7800S (medium) or 7800S (large)) with gas vapour cartridge (7251, 7252, 7253, 7254, 7275 or 7276), P-100 particulate filter (7090) and retainer (7287)	3M Company3M Centre, St. Paul, Minnesota 55144, USA

▸ 5.4 電動空氣淨化呼吸器

編號	呼吸防護設備類別	生產商
D1.	3M powered air purifier respirator fitted with7800Sm, 7800, 7800L, 7800SmS, 7800S or 7800LS full facepiece, W3266 blower, W3267 high efficiency filter and W2954 CA battery	3M, St Paul Minnesota 55144-1000 USA
D2.	Easi-Air 7800 or 7800S full facepiece fitted with W3200 powered air purifier, W3210 high efficiency filter, W3213 breathing tube and W2954 CA battery pack	3M, St Paul Minnesota 55144-1000 USA
D3.	Martindale Mark V Positive Pressure Powered Respirator fitted with three standard efficiency filter and a half mask or a full facemask	Martindale Protection Ltd Neasden Lan London NW10 1RN
D4.	Martindale Mark V Positive Pressure Powered Respirator fitted with three high efficiency filter part number PF 101 and a half mask	Martindale Protection Ltd Neasden Lan London NW10 1RN
D5.	Martindale Mark V Positive Pressure Powered Respirator fitted with three high efficiency filters part number PF 101 and a full facemask or a Martindale blouse part number RH 17800/2	Martindale Protection Ltd Neasden Lan London NW10 1RN
D6.	RPFF 81 Positive Pressure Powered Respirator fitted with one RC 350 (formerly RCHEF 81) high efficiency filter and a RFF 40 full facemask	Protector Safety Limited Great George Street, Wigan Greater Manchester, WN3 4DE England
D7.	RPFF 81 Positive Pressure Powered Respirator fitted with one RC 350 (formerly RCHEF 81) high efficiency filter and a RFF 80 full facemask	Protector Safety Limited Great George Street, Wigan Greater Manchester, WN3 4DE England

編號	呼吸防護設備類別	生產商
D8.	RPFF 81 Positive Pressure Powered Respirator fitted with one RC 351 (formerly RCHEF 81P) high efficiency filter and a RFF 40 full facemask	Protector Safety Limited Great George Street, Wigan Greater Manchester, WN3 4DE England
D9.	RPFF 81 Positive Pressure Powered Respirator fitted with one RC 351 (formerly RCHEF 81P) high efficiency filter and a RFF 80 full facemask	Protector Safety Limited Great George Street, Wigan Greater Manchester, WN3 4DE England
D10.	RPM 81 Positive Pressure Powered Respirator fitted with one RC 350 (formerly RCHEF 81) high efficiency filter and a half mask	Protector Safety Limited Great George Street, Wigan Greater Manchester, WN3 4DE England
D11.	RPM 81 Positive Pressure Powered Respirator fitted with one RC 351 (formerly RCHEF 81P) high efficiency filter and a half mask	Protector Safety Limited Great George Street, Wigan Greater Manchester, WN3 4DE England
D12.	Powerflow (LL) 055-00-01P6 Positive Pressure Powered Respirator fitted with one 450-01-02 high efficiency SP3 filter, a 055-00-01 full facemask, a 007-00-03 battery pack and a 024-00-04 turbo unit	Racal Safety Limited Beresford Avenue, Wembley Middlesex, HAO 1QJ England
D13.	Powerflow (LL) 055-00-01P7 Positive Pressure Powered Respirator fitted with one 450-01-02 high efficiency SP3 filter, a 055-00-01 full facemask, a 007-00-17 battery pack and a 024-00-04 turbo unit	Racal Safety Limited Beresford Avenue, Wembley Middlesex, HAO 1QJ England

編號	呼吸防護設備類別	生產商
D14.	Powerflow (LL) 055-00-01P8 Positive Pressure Powered Respirator fitted with one 450-01-02 high efficiency SP3 filter, a 055-00-01 full facemask, a 007-00-06 battery pack and a 024-00-04 turbo unit	Racal Safety Limited Beresford Avenue, Wembley Middlesex, HAO 1QJ England
D15.	Dustmaster DM1 ventilated visor respirator part no. 045-00-01 P5 with a headpiece 045-00-01, a main filter part no. 021-02-06 and a motor part no. 500-02-05	Racal Safety Limited Beresford Avenue, Wembley Middlesex, HAO 1QJ England
D16.	Powerflow Positive Pressure Powered Respirator part no. 055-00-01P6 fitted with one PM3 high efficiency filter canister part no. 009-00-13P, a full facemask part no.055-00-01P and battery part no. 007-00-03	Racal Safety Limited Beresford Avenue, Wembley Middlesex, HAO 1QJ England
D17.	Racal Breathe Easy 7 Positive Pressure Powered Respirator part no. 055-00-01P1 fitted with two P3 high efficiency filter canisters part no. 009-01-00, a full facemask and a battery part no. 007-00-05	Racal Safety Limited Beresford Avenue, Wembley Middlesex, HAO 1QJ England
D18.	Phantom powered respirator fitted with 071.345.00 full facepiece, 034.029.02 blower, 034.018.00 high efficiency filter and 025.033.03 battery	Sabre Safety Ltd Ash Road, Aldershot Hampshire, GU12 4DE
D19.	Willson 6783 full facepiece fitted with R73 filter, RP41 blower assembly and RP40 lead acid battery	Willson Safety Products P O Box 622 Reading PA 19603-0622 USA
D20.	Willson S6783 full facepiece fitted with R73 filter, RP41 blower assembly and RP40 lead acid battery	Willson Safety Products P O Box 622 Reading PA 19603-0622 USA

編號	呼吸防護設備類別	生產商
D21.	3M Air-Mate Powered Air Purifying Respirator (PAPR) fitted with 522-02-00, 522-02-01, 522-02-02, 522-02-03, 522-01-11 or 522-02-17 headpiece, 008-00-14 breathing tube, 520-03-63R01 blower, 021-41-02 belt, 007-00-15 battery pack and 451-02-01 High Efficiency Particulate Air (HEPA) filter	3M St. Paul MN 55144-1000 USA
D22.	3M #6800PF PowerflowTM Face-mounted Powered Air Purifying Respirator (PAPR) fitted with 6800DIN full facepiece, 450-01-01 SP3 High Efficiency Particulate Air (HEPA) filter, 024-00-02 PowerflowTM motor/airflow unit and 520-01-17 battery pack	3M St. Paul MN 55144-1000 USA

▶ 5.5 連續供氣的呼吸器

編號	呼吸防護設備類別	生產商
E1.	Airstream AH4 GB2 Respiratory Protective Helmet part no. 060-00-16 fitted with an AS 23-4 main filter 060-23-04 and visor assembly (with flowmeter) 060-10-17	Racal Safety Ltd Building No. 1 Beresford Avenue, Wembley Middlesex, HAO 1QJ England
E2.	Racal DUAL AIR pressure-demand respirator consisting of AS10701 facemask assembly, AS10705 breathing tube assembly, AS10702 pressure demand valve assembly, AS10703 harness assembly or AS10704 belt assembly, 22-10-31 high efficiency filter or 09-00-20 high efficiency filter, AS10001air supply hose or AS10200 nycoil hose	Racal Safety Ltd Building No. 1 Beresford Avenue, Wembley Middlesex, HAO 1QJ England

6 呼吸器具 — 密閉空間專用

下列為直至2004年7月31日止已獲勞工處處長根據《工廠及工業經營(密閉空間)規例》認可的呼吸器具型號,讀者可不時向勞工處查詢最新的認可型號名單。

編號	呼吸器具名稱	生產商
1	CHUBB No. I MK2 Compressed Air Breathing Apparatus	Chubb Panorama Ltd., Industrial Estate, Bognor Regis West, Sussex, P022 9RH, England
2	Sekur Air 1400/1 Self-Contained Compressed Air Breathing Apparatus	Dispositivi Protezione Individuale S.r.l. Via di Cervara No.42, 00155 Roma, Italy.
3	Diablo 1400 DIN Self-Contained Compressed Air Breathing Apparatus	Dispositivi Protezione Individuale s.r.l. Via di Cervara, 42-00155 Rome. Italy.
4	Draeger PA91 Plus	Draeger Limited Kitty Brewster Industrial Estate, Blyth, Northumberland, NE24 4RG, England.
5	Draeger PA92 Plus	Draeger Limited Kitty Brewster Industrial Estate, Blyth, Northumberland, NE24 4RG, England.
6	Draeger PA93 Plus	Draeger Limited Kitty Brewster Industrial Estate, Blyth, Northumberland, NE24 4RG, England.
7	Draeger PA92 and PA93 Self- contained Positive Pressure Compressed-air Open-circuit Breathing Apparatus	Draeger Limited, Blyth, Northumberland, NE24 4RG, England.
8	Draeger PA91 Two-stage Positive Pressure Compressed Air Open Circuit Breathing Apparatus	Draeger Limited, Blyth, Northumberland, NTE24 4RG, England.

編號	呼吸器具名稱	生產商
9	Draeger Universal Airline Positive Pressure Breathing Apparatus	Draeger Limited, Blyth, Northumberland. NE24 4RG, England.
10	Draeger Model A500 Airline Breathing Apparatus/Airpak Air Supply System	Draeger Manufacturing, Blyth, Northumberland, NE24 4RH, England.
11	Draeger Model Premier P112 Single Stage Positive Pressure Compressed Air Breathing Apparatus	Draeger Manufacturing, Blyth, Northumberland, NE24 4RH, England.
12	Draeger Model Premier P212 Two Stage Positive Pressure Compressed Air Breathing Apparatus	Draeger Manufacturing, Blyth, Northumberland, NE24 4RH, England.
13	Draeger P112 MK II Automatic Self-Contained Single Stage Positive Pressure Compressed Air Breathing Apparatus	Draeger Manufacturing, Blyth, Northumberland, NE24, 4RH, England.
14	Tanker Compressed Air Breathing set	Draege Normaliar Limited （Breathing Apparatus Division）, Kitty Brenster, Blyth Northumberland, England.
15	Compressed Air Breathing Apparatus Models A/100, 880	Draeger Normalair Limited （Breathing Apparatus Division）. Kitty Brenster, Blyth, Northumberland, England.
16	Compressed Airline Breathing Apparatus Models A300-1D, A300-1D/T	Draeger Normalair Limited （Breathing Apparatus Division）, Kitty Brenster, Blyth, Northumberland. England.

編號	呼吸器具名稱	生產商
17	AIR 5500Fr Self-Contained Compressed Air Breathing Apparatus	FENZY S.A. Zone Industrial Paris Nord II, 13 rue de la Perdrix, BP 50398, 95943 Roissy Charles de Gaulle Cedex, France.
18	MANDET DUO 2000, 3000	Fenzy, 18, Place de Villiers, 93100, MONTREUIL Paris, France.
19	FENZY DUO 2200, 3200 Compressed Air Breathing Apparatus	Fenzy, 18, Place de Villiers, 93100, MONTREUIL Paris, France.
20	SPIRATOM Compressed Air Breathing Apparatus	Fenzy, 18, Place de Villiers, 93100, MONTREUIL Paris France.
21	Fenzy Air 5000 Compressed Air Open Circuit Breathing Apparatus	Fenzy, S.A. 18, Place de Villiers, 93100, Montreuil Cedex, France.
22	Aga Divator Open Circuit Self Contained Breathing Apparatus Models 217 219, 2111, 314 and 324	Interspiro Ltd., Halesfield 19, Telford, Shropshire, TF7 4QT, England.
23	Aga Spiromatic Open Circuit Self Contained Breathing Apparatus Models 217. 219. 2111, 314, 316 323 and 324	Interspiro Ltd., Halesfield 19, Telford, Shropshire, TF7 4QT, England.
24	Spirloca Breathing Apparatus Model T-2	La Spirotechnique, 27, rue trebois-Levallois, France.
25	Model 401 Air Mask	Mine Safety Appliances Co., 201, North Braddock Avenue, Pittsburgh, Pa. 15208, U.S.A.

編號	呼吸器具名稱	生產商
26	Model 401 Pressure Demand Air Mask	Mine Safety Appliances Co., 201, North Braddock Avenue, Pittsburgh, Pa. 15208, U.S.A.
27	One-Man Combination Hose Mask, with hand-operated centrifugal blower and 15 m of hose complete（MSA Catalogue No. 457140）	Mine Safety Appliances Co., 201. North Braddock Avenue, Pittsburgh, Pa. 15208, U.S.A.
28	One-Man Combination Hose Mask, with hand-operated displacement blower and 15 m of hose complete（MSA Catalogue No. 457141）	Mine Safety Appliances Co., 201, North Braddock Avenue, Pittsburgh, Pa. 15208, U.S.A.
29	Two-Man Combination Hose Mask, with hand-operated centrifugal blower and 30 m hose（15 m per mask）complete（MSA Catalogue No. 457142）	Mine Safety Appliances Co., 201, North Braddock Avenue. Pittsburgh, Pa. 15208, U.S.A.
30	Two-Man Combination Hose Mask, with hand-operated displacement blower and 30 m hose（15 m per mask）complete（MSA Catalogue No. 457143）	Mine Safety Appliances Co., 201, North Braddock Avenue, Pittsburgh, Pa. 15208, U.S.A.
31	One-Man Combination Hose Mask, with motor/hand-driven centrifugal blower and 15 m of hose complete（MSA Catalogue No. 457148）	Mine Safety Appliances Co., 201. North Braddock Avenue, Pittsburgh, Pa. 15208, U.S.A.
32	One-Man Utility Hose Mask, with centrifugal blower and 15 m of hose complete（MSA Catalogue No. 457144）	Mine Safety Appliances Co., 201 .North Braddock Avenue, Pittsburgh, Pa. 15208, U.S.A.

編號	呼吸器具名稱	生產商
33	Two-Man Utility Hose Mask. with centrifugal blower and 30 m of hose (15 m per mask) complete (MSA Catalogue No. 457146)	Mine Safety Appliances Co., 201 .North Braddock Avenue, Pittsburgh, Pa. 15208, U.S.A.
34	One-Man Utility Hose Mask, with hand-operated displacement blower and 15 m of hose complete (MSA Catalogue No. 457145)	Mine Safety Appliances Co., 201, North Braddock Avenue, Pittsburgh, Pa. 15208, U.S.A.
35	Two-Man Utility Hose Mask, with hand-operated displacement blower and 30 m of hose (15 m per mask) complete (MSA Catalogue No. 457147)	Mine Safety Appliances Co., 201, North Braddock Avenue, Pittsburgh, Pa. 15208, U.S.A.
36	One-Man Utility Hose Mask, with motor/hand-driven centrifugal blower and 15 m of hose complete (MSA Catalogue No. 457149)	Mine Safety Appliances Co., 201, North Braddock Avenue, Pittsburgh, Pa. 15208, U.S.A.
37	Special Hose Mask. with harness, funnel, spike, hook, and 7.6m of 25mm oilproof hose complete (MSA Catalogue No. 457623)	Mine Safety Appliances Co., 201, North Braddock Avenue, Pittsburgh, Pa. 15208, U.S.A.
38	Ultravue Self-contained Demand Air Line Respirator. (MSA Catalogue No. 458548)	Mine Safety Appliances Co., 201, North Braddock Avenue, Pittsburgh, Pa. 15208, U.S.A.
39	MSA Ultralite II Self-Contained Compressed Air Breathing Apparatus	Mine Safety Appliances Company P.O. Box 426 Pittsburgh PA 15230 USA

編號	呼吸器具名稱	生產商
40	MSA Custom 4500 II Self-Contained Compressed Air Breathing Apparatus	Mine Safety Appliances Company P.O. Box 426 Pittsburgh PA 15230 USA
41	MSA Ultralite MMR Self-Contained Compressed Air Breathing Apparatus	Mine Safety Appliances Company P.O. Box 426 Pittsburgh PA 15230 USA
42	MSA Custom 4500 MMR Self-Contained Compressed Air Breathing Apparatus	Mine Safety Appliances Company P.O. Box 426 Pittsburgh PA 15230 USA
43	(a) Sabre Modul+Air airline supply trolley system (b) Sabre Centair positive pressure breathing apparatus	Protector Technologies Europe Matterson House, Ash Road, Aldershot, Hants, GU12 4DE, United Kingdom.
44	Sabre Contour Self-Contained Compressed Air Breathing Apparatus	Protector Technologies Europe Matterson House, Ash Road, Aldershot, Hampshire, GU12 4DE, England.
45	Sabre Sigma-2	Protector Technologies Group Matterson House, Asli Road, Aldershot, Hampshire, GU 12 4DE, England.

編號	呼吸器具名稱	生產商
46	Sabre Contour 100	Protector Technologies Group Matterson House, Ash Road, Aldershot, Hampshire, GU 12 4DE, England.
47	Sabre Contour 300	Protector Technologies Group Matterson House, Ash Road, Aldershot, Hampshire, GU 12 4DE, England.
48	Sabre Contour 500	Protector Technologies Group Matterson House, Ash Road, Aldershot, Hampshire, GU 12 4DE, England.
49	Racal 4000 International (Standard) 300-09-68P Self-Contained Compressed Air Breathing Apparatus	Racal Health and Safety Limited Beresford Avenue, Wembley, Middlesex HAO 1QJ, England.
50	Racal 4000 (Standard) Positive Pressure Compressed Air Breathing Apparatus under Part No.300-09-61	Racal Health and Safety Limited, Beresford Avenue, Wembly, Middlesex HAO 1QJ, U.K.
51	Racal 2000 Compressed Air Breathing Apparatus	Racal Panorama Limited, Industrial Estate, Bognor Regis, West Sussex P022 9RT, England.
52	Spasciani RN/P Self Contained Compressed Air Open Circuit Type Breathing Apparatus	Riccardo Spasciani S.p.A., Via Milano, 248-20021, Bollate (Milano), Italy.
53	S.F. Roberts Mark 101 Compressed Air Breathing Apparatus	S.F. Roberts (1960) Limited. Hanworth Air Park, Feltham, Middlesex. England.
54	SABRE Series Six, Pathfinder MK. II, Super Pathfinder Compressed Air Breathing Apparatus	Sabre Safety Limited, Ash Road, Aldershot, Hampshire, GU12 4DD, England.

編號	呼吸器具名稱	生產商
55	Sabre Compress Air Line Breathing Apparatus Models CA FULL/S, CA FULL/T, CA HALF/S, CA HALF/T. CADV, CADV/PP which connected to a compressed air system which provides a continuous supply of air of a quality suitable for breathing, and which is so designed as to prevent mechanical blockage and accidental partial or complete uncoupling	Sabre Safety Limited. Ash Road, Aldershot, Hampshire. GUI 2 4DE, England.
56	Sabre Centurion	Sabre Safety Limited, Ash Road, Aldershot, Hampshire, GU 12 4DE, England.
57	Sabre Super Series Six Self Contained Compressed Air Open Circuit Type Breathing Apparatus	Sabre Safety Limited, Ash Road, Aldershot, Hampshire, GU 12 4DE, England.
58	Sabre Sigma	Sabre Safety Limited, Ash Road, Aldershot, Hampshire, GU 12 4DE, England.
59	Scott Air-Pak Fify 4.5 Self-Contained Ail' Breathing Apparatus	Scott Aviation 309 W. Crowell Street, Monroe, NC 28112-4649, U.S.A.
60	Scott Industrial Air-Pak 4.5 Self-Contained Breathing Apparatus	Scott Aviation 309 W. Crowell Street. Monroe, NC 28112-4649, U.S.A.
61	AIRMASTER MARK II Compressed Air Breathing Apparatus	Siebe Gorman & Co. Ltd. Avondale Way, Cwmbran, Gwent, Wales, NP4 1YR, U.K.

編號	呼吸器具名稱	生產商
62	"Firefighter" Compressed Air Breathing Apparatus	Siebe Gorman & Co. Ltd. Avondale Way, Cwmbran, Gwent, Wales, NP4 1YR, U.K.
63	Air Master Compressed Air Breathing Apparatus	Siebe Gorman Co., Limited, Davis Road, Chessington, Surrey, England.
64	Compress Air Breathing Apparatus Dominair 1	Submarine and Safety Engineering Limited, Daux Road, Billingshurst, Sussex, England.
65	DOMINAIR Compressed Air Breathing Apparatus	Submarine and Safety Engineering Ltd., Fourdry Lane, Horsham, Sussex, RH13 5PJ, England.
66	SMOKE SET Fresh Air Breathing Apparatus	Submarine and Safety Engineering Ltd., Fourdry Lane, Horsham, Sussex, RH13 5PJ, England.
67	SURVIVAIR 30 minute Unit Models 9038-20 and 9838-20	U.S. Divers Co., 3323, West Warner Ave., Santa Ana, California 92702, U.S.A.